富爸爸 *RD* 004

富爸爸辭職創業

Rich dad's before you quit your job : 10 real-life lessons every entrepreneur should know about building a multimillion-dollar business

羅勃特．T．清崎◎著
王立天、高偉勛◎譯

高寶書版集團

引言 007

第一章 任何人都能成為創業者 043

企業正式成立營運之前，創業者已經為此默默努力耕耘，能不能成功就在此時埋下種籽。

創業是否成功需要的是勇氣和堅持，而和學歷無關，許多知名的創業者都沒有念完大學。

第二章 創業者不怕失敗 067

創業失敗的兩個原因：一是恐懼失敗、二是失敗得還不夠多；失敗愈多次，創業者愈能從中獲得經驗，掌握成功的關鍵。

CONTENTS

第三章 創業前的練習——099

創業前，無償的工作是必要的代價。
若創業者沒有特殊專長，可嘗試培養銷售能力，銷售是創業者應有的基本技能。

第四章 創業者只需要一種專長——123

平庸的人只能擁有平庸的夥伴，因此要讓自己成為某方面的專家，才能吸引優秀的夥伴一起為目標努力。

第五章 體驗不同生活與世界的創業之旅——157

創業者要的是不同的世界、不同的生活，並不斷探索人生的可能性，堅持走下去就會得到回報。
想成為富有的創業者，首先要當個聰明的創業者，關鍵能力就在清楚知道把錢花出去後能帶進多少收入。

第六章　使命點燃創業的激情——191
使命就是你「為什麼而作」，是公司成立的主要目的，使命愈強大、愈清晰，就愈容易在市場上勝出；但也要做好最壞的打算。

第七章　怎樣從小公司成長為大公司——229
當成功來得太迅速，創業者的能力卻沒有跟上，就容易失敗；成功的前提，是踏實的工作，而堅實的B-I三角，能讓公司踏出的每一步更穩建。

第八章　從失敗中看見希望——261
建立SOP流程是創業者的責任，即使創業者離開，公司也能持續運作；偶爾也需要停下腳步，檢視企業是否太依賴自己。

CONTENTS

第九章　如何找到好顧客　289

產品要滿足的是顧客的心理需求而不是顧客的實際需要，也可以利用產品定價挑選顧客群。

遇到壞顧客，是檢視公司體系和人事的好時機，但若遇到廉價的顧客，就應該趕快擺脫這些人，避免花太多心力在廉價顧客身上。

第十章　總結　327

參加創業者聚會，與志同道合的人一起互相鼓勵與扶持，增加創業成功的機會。

引言

創業那天是我生命中最可怕的一天

我辭職成為一名創業者的那天，也是我生命中最可怕的一天。從那天開始，我不再有穩定的薪水、不再有健康保險或退休計畫、不再有病假或帶薪假期。

那一天，我的收入變成零。沒有固定薪水是我體會過最恐怖的經歷之一。最糟糕的是，我不知道在得到另一份穩定收入之前我還得捱多久……或許要好多年。那一刻，我才明白為什麼那麼多的雇員沒有去做創業者。那是因為害怕自己沒有錢，沒有穩定的收入……很少有人能在沒錢的狀況下維持很久。創業者是一些異類，他們的一個特異之處便是在沒錢的狀況下也能理智和聰明地行事。

也是從那一天開始，我的花費直線上升。作為創業者，我得租間辦公室、一個車位、一間倉庫，買張桌子、一盞燈，開通電話，我也得為出差、住旅館、吃飯、計程車、複印、鋼筆、紙張、釘書針、信箋、營業證書、郵票、手冊、產品，甚至辦公室裡的每一杯咖啡掏錢。我還不得不雇一位秘書、一位會計、一位律師、一位出納、一位商業保險代理，甚至一位看門人。我這時才明白從前別人雇用我的代價有多麼高——雇人的花費遠遠不止員工薪水單上所顯示的那些數字。

所以，雇員和創業者的另一個區別就是：創業者得知道如何花錢——就算他們沒有錢。

心驚膽顫的第一天

正式離開公司的那天是一九七八年六月，我在波多黎各的聖胡安參加全錄（Xerox）公司的「總裁俱樂部」慶典，那是一個表彰公司最佳銷售人員的典禮，全錄公司的員工將從世界各地趕來領獎。

儀式棒極了，那些盛大輝煌的場面會永遠留在我記憶裡。當大夥兒都在慶祝，我卻悶悶不樂。整整三天的慶祝活動裡，我腦子裡想的只有辭職——放棄穩定的收入和職位；這場慶祝一結束，我就得開始孤軍奮戰。

離開聖胡安那天，我們坐的那架飛機故障了，需要在邁阿密迫降。機長叫大家繫好安全帶，抱住腦袋，做好墜機的準備。要知道，這可是我成為創業者的第一天，本來感覺就已經夠糟的了，難道竟然馬上就得準備去死？這可不是一個美妙的開始。

當然了，後來飛機沒有墜毀，我接著轉機飛到芝加哥，準備向一家大型連鎖百貨介紹尼龍魔鬼氈錢包。結果航班誤點，到達芝加哥商業中心時已經過了約定的時間，百貨公司的採購員已經離開了。我又一次在心裡嘀咕：「看來我的創業生涯一開頭就不走運。要是做不成這筆買賣，公司就沒有營業額，我就沒有收入，桌上就沒有食物。」因為我很愛吃，沒有食物這點最讓我心慌。

創業者或雇員都是被訓練出來的

「創業者是天生的創業者，還是被訓練成創業者？」當我問富爸爸這個老問題時，他答道：「這個問題毫無意義，這就如同問，雇員天生就是雇員，還是被訓練成雇員的？」他接著說：「人是可以被訓練的，他們可以被訓練成雇員，也可以被訓練成創業者。這世界上雇員比創業者多，是因為學校總是在訓練年輕人成為雇員。父母也總是告訴孩子『好好上學，將來找個好工作』，我還沒怎麼聽人說過『好好上學，將來當個創業者』。」

現代化的雇員現象

雇員是一種新現象。在農業時代，多數人都是創業者。很多人是在國王的土地上勞作的農夫，他們並不從國王那兒領工資。事實上，農夫向國王繳稅，以得到土地的使用權。不當農民的人可能是商販、勤勞的小業主、屠夫、麵包師，或是蠟燭匠。從這些人的姓氏中有時就能看出他們從事的生意，例如：史密斯（Smith）——它來自鐵匠（blacksmith），或是貝克（Baker），他們原來是麵包店主（bakery），還有法默（Farmer），他們家原來是種地的（farming）。他們都是創業者，不是雇員，多數的孩子會子承父業。可見，這還是一個訓練的問題。

進入工業時代，社會對雇員的需求增加了。政府相應地擔負起了大眾教育的任務，並實行了普魯士體制，從而形成了今天大多數西方學校系統的雛形。當你研究普魯士教育背後的邏輯時，你會發現它的明確目標就是培養士兵和職員，培養人們服從命令等等。普魯士教育體制是一個量化生產雇員的偉大體制。這還是訓練的問題。

沒畢業的知名創業者

你可能會注意到，在那些名氣最大的創業者中，很多人都沒完成學業，例如：奇異電器的奠基人愛迪生、福特汽車創始人亨利・福特、微軟創始人比爾・蓋茲、維京航空創始人理查・布蘭森、戴爾電腦創始人邁克・戴爾、蘋果電腦及皮克斯工作室創始人賈伯斯、CNN創始人泰德・透納。當然了，也有一些創業者當年就是好學生……但他們多半沒那麼出名。

想要自由，就得放棄安穩

我並非天生就是一名創業者，我必須接受訓練，富爸爸指導我走上一條從雇員變為創業者的道路。對我來說，這可不是件容易事。在弄懂他想要教我的課程之前，我得先忘掉以前學會的很多東西。

最困難的一點在於，富爸爸的話總是與窮爸爸的教導截然相反。每次富爸爸提起創業精神，他談論的總是自由；而我的窮爸爸提起上學找工作，他關注的焦點總是安穩。這兩套邏輯在我的腦海中不斷衝突、讓我迷惑。

最後，我去問富爸爸這兩套邏輯的區別：「安穩和自由難道不一樣嗎？」

富爸爸微笑著回答：「安穩和自由完全相反；你愈是追求安穩，擁有的自由就愈少。最安穩的人就是那些坐在大牢裡的人了，這就是安穩的極致。」他接著說下去：「如果你想要自由，就得放棄安穩。雇員們要的是安穩，創業者要的是自由。」

現在，問題就變成了：是不是每個人都能成為創業者呢？我的回答是：是的，這要從轉變邏輯開始，從追求自由而不是安穩開始。

從毛毛蟲到蝴蝶

我們都知道毛毛蟲會結繭，有一天就變成了蝴蝶，這是一種徹底的變化，我們稱之為「嬗變」。而詞典中對於「嬗變」還有另一個解釋：「性情的重大改變」。這本書講述的也是嬗變：一個人如何完成從雇員到創業者的改變。儘管許多人都夢想著辭職創業，卻很少有人真的邁出這一步。為什麼呢？因為從雇員到創業者的變化可比換工作大得多……那是一種徹底的改變。

非創業者寫的創業書

這麼多年來，我讀了很多講述創業者和創業精神的書。我研究了愛迪生、比爾・蓋茲、理查・布蘭森、亨利・福特等人的生平。我還讀了一些關於不同的創業思想以及創業者制勝關鍵的作品。每本書無論寫得好壞與否，總能帶給我一些寶貴的思路和啟發，幫助我在成為更出色的創業者這條路上走得更遠。

回想一下這些作品，我發現它們可以被分為兩類：創業者寫的書和非創業者寫的書。多數作者自己都不是創業者，而是職業作家、記者或大學教授。

儘管每本書都讓我有所收穫，但我還是發現有些書中缺了點什麼，也就是如「陰溝裡翻船」、「背後挨刀」這一類的失敗經歷；幾乎每個創業者都會犯下可怕的錯誤和經驗一些挫敗。然而在這些非創業者的筆下，大部分創業者都是神采煥發、魅力出眾、性格桀驁的，困難總是在他們面前迎刃而解。那些關於偉大創業者的作品總是把他們描寫得好像天生就是這樣——當然了，確實有不少人天生如此。正如世界上有天賦過人的運動員一樣，天賦過人的創業者也不少，而大多數作品都只寫這類人。

大學教授所寫關於創業精神的書籍則另有一種味道，他們喜歡把主題煮得只剩骨頭，留下乾巴巴的事實或結論。我覺得閱讀這類在理論上無懈可擊的作品實在讓人頭疼，因為書中一點點肉、一點點湯都找不到，只有骨頭。

從失敗中可以學到更多

這是一本關於創業精神的書，而且是由一個經歷過潮起潮落、品嘗過成功與失敗、貨真價實的創業者所寫的。

今天的富爸爸公司已經是一家國際性企業，擁有四十四種語言的產品，在八個國家開展業務。這一切都是從我妻子金和我創辦的公司起步的。那是一九七七年，從莎朗家餐廳的一張桌子上開始，最初的投資是一千五百美元。我們的第一本書《富爸爸，窮爸爸》在《紐約時報》暢銷書排行榜連續上榜四年半，此前只有三本書曾有此一殊榮。或許你在讀這本書時，《富爸爸，窮爸爸》還在排行榜上。

不過，我寫這本書可不是為了讓你們知道我做生意有多精明（事實上我也不算精明），我們只是想寫出一部與眾不同的關於創業精神的作品。我要告訴你們的不是我春風得意的日子，不是我能日進幾百萬美元的日子，而是我曾如何自掘陷阱、如何掉進去，又如何努力爬上來的經歷。我想，你們從我的失敗中會比從成功中學到更多。

創業有順境也有逆境

很多人不能成為創業者是因為害怕失敗，透過描寫多數人害怕的失敗經驗，我們希望幫你弄清楚：你是否適合成為創業者。我們不是要嚇退你——而是要讓你對於創業路途上可能經歷的順境與逆境有清楚的認知。

講述失敗的另一個原因在於：人類的天性是吃過虧才會成長。學走路總是從跌倒再爬起來開始，學騎車也總是從摔倒並再次嘗試開始。如果我們從未冒跌倒的風險，那就只能一輩子像毛毛蟲那樣匍匐而行。在許多關於創業精神的作品中，尤其是大學教授們的大作裡，所缺乏的也正是對於創業者內心曾經經歷的徬徨與困苦的描寫。他們從不觸及創業者在生意失敗、資金用光、雇員散去、債主上門逼債時的內心世界。大多數大學教授如何能瞭解創業者失敗時的感受？生活在穩定的薪水和職位搭建起來的、永遠知道正確答案和爭取從不犯錯的學術世界裡，他們怎麼能夠瞭解這些？

在二十世紀八〇年代末，我應邀去哥倫比亞大學演講，主題是創業精神。那次，我沒有誇耀我的成功，而是講述我的各種失敗，以及從中學到的教訓。年輕學生們踴躍提問，看來他們是真的對身為創業者所經歷的坎坷充滿興趣。我談到創辦一家企業時所要面臨的恐懼，以及我如何應付恐懼；也講述我所犯過最愚蠢的錯誤，以及這些錯誤如何成為寶貴的經驗；我還說了因為我經營無方而關閉一家公司並遣散員工時的痛苦心情；此外，這些錯誤如何使我成為一個更出色的創業者、富人、有影響力的人、財務自由的人，以及一個不再需要找工作的人。總的來說，我認為那次演講客觀而生動地說明成為創業者的過程。

幾週之後，那位邀請我去演講的工作人員被叫到系主任辦公室，系主任責備她，最後對她說：「在哥倫比亞，不許談論失敗。」

勇於追尋機遇的創業者

對於大學教授，我已經批評得不少了，現在該是稱讚一下他們的時候。給創業者下的最精準的定義來自哈佛大學的一位教授史蒂文森，他說：「創業精神應該這樣來定義，即不局限於目前擁有的資源去追尋機遇。」在我看來，這是對創業者最有水準的概括。雖然仍是骨頭，卻很有水準。

藉口的威力比夢想還大

很多人都想成為創業者，但總是有各種不辭職的藉口。例如：

1. 我沒錢；
2. 我不能辭職，因為我得養小孩；
3. 我什麼人脈都沒有；
4. 我不夠聰明；

5. 我沒時間，我太忙了；
6. 我找不到人來幫我；
7. 自己開公司要花的時間太長了；
8. 我害怕，自己開公司太危險了；
9. 我不想和員工打交道；
10. 我太老了。

把史蒂文森教授的文章拿給我看的朋友說道：「每個年滿兩歲的人都是找藉口的專家。」他還說：「之所以有些人想成為創業者卻又還做著職員，是因為他們總有一些藉口，這些藉口阻礙了他們辭職或改變信仰。對很多人來說，藉口的威力比夢想的威力大。」

趨動創業者的力量

史蒂文森先生的文章裡還有很多亮點，尤其是當他拿創業者和雇員（或者按他的用詞：「發起人」和「受託人」）做比較時。這些比較當中最有意思的地方包括：

一、關於戰略方向

發起人：受感知到的機會驅動。
受託人：受掌握著的資源驅動。

換句話說，創業者經常尋找機會，而不是過分在意自己是否擁有資源。職員型的人看重的是自己有哪些資源、缺乏哪些資源。這就是為何那麼多人慨歎：「我怎麼自己開公司？我可沒有錢。」而創業者則會說：「就這麼定了，我們會找到錢的。」這種邏輯上的差別是雇員和創業者之間一個非常重要的差別。

這也是為什麼窮爸爸經常說：「我買不起。」身為一名雇員的他總是在評估自己的資源。你們如果看過我以前的書就會知道，富爸爸禁止自己的兒子和我說「我買不起」這樣的話。他會引導我們去尋找機會，並且自問：「我怎樣才能買得起？」他是一名創業者。

二、關於管理結構

發起人：扁平化，多向非正式網路。

受託人：正式的等級結構，多個層級。

創業者會讓公司保持小而精簡，利用和戰略夥伴的合作關係開拓生意；而雇員希望建立等級制度，也就是建立一條命令鏈，自己最好能居於最上層。創業者會在橫向上擴大企業，也就是「開疆拓土」，而不是「做家務」；雇員則盼望在縱向上擴大企業，也就是雇用更多的人。對於正在努力攀登等級階梯的雇員們來說，正式的組織關係圖是極為重要的。

在這本書中，你會瞭解富爸爸公司如何保持很小的規模，卻利用強大的戰略合作夥伴關係成長。它的戰略夥伴可都是一些大公司，例如時代華納（Time Warner）、時代生活（Time Life）、無限廣播公司（Infinity Broadcasting），以及世界各地的一些主要出版商。我們選擇以這種方式成長，是因為它耗費的時間、人員和金錢都較少。當然，我們也可以擴充得更快更大、盈利更豐、在全世界開設更多機構，但我們可能實際還是很小。而現在，我們是在使用別人的錢和資源來發展自己的生意。這本書就會解釋我們如何做到這一點。

三、關於回報的邏輯

發起人：價值驅動，以業績為基礎，以團隊為導向。

受託人：安全驅動，以資源為基礎，以提升為導向。

簡單的說，職員們想要的是有保障的職位、強大的公司、穩定的收入和晉升的機會——也就是沿著公司階梯向上爬的機會。很多職員把級別和頭銜看得比錢更重要。我知道我的窮爸爸就是這樣。他熱愛他的頭銜——公共教育部總督學，即使他的薪水沒有多高。

而創業者不想爬梯子，他們要做梯子的主人。一名創業者不會把薪水當成動力，他看重的是整個團隊的業績。此外，正如史蒂文森所說的，很多創業者開辦自己的公司是因為他們有非常強的價值觀，這種價值觀對他們而言比穩定的工作和薪水更重要。對很多創業者來說，價值觀比錢重要。他們對自己的工作、對自己的使命充滿了激情，他們熱愛自己所做的事。有些事即使無錢可賺，創業者也可能會去做。而富爸爸說：「多數雇員只有在能拿到薪資時才會對自己的工作產生激情。」

在這本書裡，你還能學到關於三類財富的概念：競爭財富、合作財富、精神財富。競爭財富也就是多數人為之工作的金錢。人們為求職而競爭、為晉級而競爭、為加薪而競爭，還與他們的商業對手競爭。合作財富的獲取是透過良好的關係而非競爭。在這本書裡，你會看到富爸爸公司如何用很少的錢迅速地成長壯大起來，這一切都是因為我們追求的是合作財富。此外，本書用很大的篇幅講述企業的使命與價值觀。儘管我們都知道很多創業者是只懂追求競爭財富的機會主義者，但也看到其他一些人帶著極強的使命感為精神財富而工作——這才是所有財富中最重要的。

不同的管理風格

史蒂文森的文章中還有兩處新穎的觀點，這對於大學教授來說更是難能可貴。他指出：很多人都認為創業者並不是好的管理者。他並沒有認同這種觀點，而是寫道：「創業者經常被定型為以自我為中心、特立獨行，因而不善於管理。其實，儘管創業者所擔負的管理任務很特別，但管理才能對他們來說仍然是非常關鍵的。」說得好！應該說，創業者是以不同的方式管理人。下面就要說明為何創業者和雇員有著不同的管理風格。

懂得如何使用他人的資源

史蒂文森提出的另一個有趣的觀點，和他對創業者的定義緊密相連，他將創業精神定義為「不局限於目前擁有的資源去追尋機遇」，並接著寫道：「創業者知道如何好好地利用他人的資源。」這便是管理風格差異的由來。職員們希望公司雇用更多新人，並由自己來管理。他們希望下屬被置於自己的直接控制之下，要麼俯首聽命，要麼乖乖走人。這也就是為什麼職員型的人喜愛建立垂直的等級，他們想要的是普魯士式的管理，他們希望下屬在聽到「給我跳」的時候就跳一下。

由於創業者不一定有雇員可以管理，他們管理人的方式是不同的。比如說，創業者應當懂得如何管理其他創業者，如果你對你自己的創業夥伴說「給我跳」，看看對方會多麼惱火吧。所以說，創業者並不像很多人認為的那樣是不合格的管理者；他們只是有著各自不同的管理風格，因為他們管理的人是不會對他們唯命是從，也無法被輕易解雇的。

管理風格的這種區別也說明了為何雇員型人士喜歡為競爭財富而工作，而創業者更傾向於為合作財富而工作。

創業者找雇員

我們總能聽到新開始創業的人士發出這樣的抱怨：「我找不到好的雇員」，或是「雇員不想工作」，又或者「雇員只知道提加薪」。對於管理風格不清晰的新創業者來說，這的確是一個難題。管理風格還是一個訓練的問題。在這裡，我們又要讚揚史蒂文森指出創業者和雇員之間的本質區別。

別等綠燈才上路

很多人沒能成為他們想要成為的人，另一個原因是恐懼，表現出來的行為就是害怕犯錯或害怕失敗。還有另一種恐懼，但表現形式卻有所不同，這些人用完美主義把他們的恐懼掩飾起來。在開始創業前，他們要等待所有的時機都成熟，只有在前方一路綠燈時才敢開車上路。很多這樣的人到現在還停在路邊，讓引擎空轉。

創業者不會被紅燈阻礙

我所認識最棒的創業者之一，是我的一個朋友和生意夥伴。我和他一起開辦了好幾個企業，其中有三個上市，替我賺進了幾百萬美元。在描述創業者時，他說：「經營生意有三個部分。第一是找到合適的人，第二是找到合適的機會，第三是找到錢。這三件事很少能同時完成。有時你有人，卻沒有合適的生意或缺錢；有時你有錢，卻沒生意或缺人。」他還說：「一個創業者最重要的工作就是，當一項任務完成時，先緊緊抓住它，趕緊去把另外兩項補足。這也許要花上一個星期或是幾年的時間，但當你已經抓住一項時，至少就已經開了頭。」換句話說，如果三個紅綠燈中的兩個是紅燈，創業者是不會在意的。事實上，即使三個都是紅燈他們也不會在意，紅燈是無法阻擋創業者的。

哪怕做得不完美，該做就要做

你有沒有注意過，像微軟視窗一類的軟體總是不斷推出新版本，比如Windows 2.0、Windows 3.0，這代表他們持續改進產品，希望你購買更好的版本。換句話說，他們最開始賣給你的產品並不完美。雖然他們知道那裡面有漏洞、需要改進，但還是賣給你。

有些人錯過了市場機遇，就是因為他們不斷地改進產品。就像那些等待所有綠燈都亮起來的人一樣，有的創業者永遠難以走進市場，因為他們一直沒完沒了地尋找、試驗和完善他們的產品或商業計畫。我的富爸爸總是說：「哪怕做得不完美，任何值得做的事也還是值得做。」亨利‧福特則說：「我要為我的顧客感謝上帝，他們在我的產品還不完美時就買了產品。」創業者們說開始就開始，然後一點點地提升自己、改善生意和產品。很多人不等到萬事俱備絕不開始，這就是為什麼很多人永遠不會開始。

懂得何時將一種產品推向市場是一門藝術，也是一門科學。不要試圖把產品做得完美，它永遠不會完美，只要「夠好」，能被市場接受就沒有問題。不過也要記住，如果一種產品差得根本無法滿足其設計用途，或是無法達到市場的預期，甚至造成麻煩，那麼砸掉的招牌也很難再樹立起來。

成功創業者的標誌之一就是：弄清市場想要什麼，並且知道何時該停止開發產品，開始行銷。如果產品在尚未成熟時就提早進入市場，創業者就要改進它，並且想方法保持住自己的市場聲譽。另一方面，如果一種產品進入市場的時間被耽誤，可能就永遠錯過好時機，機會之窗也許就此關閉。

如果還有人記得早期的Windows版本，一定會想起電腦當機的頻率是多麼高。有人說，Windows裡的Bug太多了，出售時簡直該附瓶殺蟲劑，要是汽車也像Windows那樣經常熄火，可就沒人敢要了。汽車要是出現這種問題，廠商就只能換貨；而Windows雖然帶著那麼多的Bug和缺陷，卻大獲成功。為什麼會這樣？因為它滿足了市場需求，並且不比大家期望的差。微軟發現了一扇開啟的機會之窗，然後就開始行銷。現在正在使用Windows的使用者一定不會否認，如果微軟等到產品完美才推向市場，它就永遠不會在市場上出現。

雇員是專才，創業者是通才

在武術中，有一個說法：「滿的杯子是無用的，空的杯子才有用。」這對於創業者來說是個真理。

我們經常聽到人說：「哦，關於這個我全懂。」這種話是出自於像滿杯子一樣的人，他們相信自己知道所有的正確答案。而一個創業者不可能無所不知，他們也明白自己永遠達不到這一點，他們知道，成功就來自於空著的杯子。

想成為成功的雇員，需要知道正確答案，否則的話就會被解雇或失去晉升機會；而創業者不需要知道所有的答案，他們需要的是詢問，這也就是諮詢顧問存在的理由。

職員們經常被訓練成專才。簡單地說，專才就是「對很少的事情懂得很多」的人，他們的杯子一定得是滿的。創業者應該是通才。簡單地說，通才就是「對很多事情都懂一點」的人，他們的杯子是空的。

人們上學是為了成為專才——會計、律師、秘書、護士、醫生、工程師或電腦程式師。這些人都是「對很少的事懂得很多」。他們愈能成為專家，賺的錢就愈多——至少他們盼望如此。

創業者的不同之處在於，他們得對會計、法律、工程、商業、保險、產品設計、金融、投資、人事、銷售、行銷、公開演講、融資，與難應付的人打交道都懂得一點。真正的創業者明白自己要學的東西太多，不知道的東西也太多，因此無法向專才的方向發展，這對於他們太奢侈了。他們的杯子總是空的，他們永遠在學習。

學無止境

這代表創業者必須是非常超前的學生，一旦跨越了從雇員到創業者的那條界線，真正的教育就開始了。我立刻開始閱讀手邊所有的商業書籍、金融類報紙，並到處參加研討會。我不可能知道所有的答案，我必須學習，而且是快速地學習；我也知道作為創業者的學業是永遠沒有畢業日的，我一生都會待在這所學校裡。我若不是在工作，就是在閱讀或學習，之後便把學到的東西運用到生意中。

多年來不斷學習和充分運用所學知識是助我成功的重要習慣之一。正如我說過的，我並非像一些朋友那樣，是天生的創業者。在這場龜兔賽跑中，我這隻烏龜慢慢地、但是堅定地前進，終於超過了一些兔子朋友。他們可能在得到一些成就後就把杯子裝滿了，而一個真正的創業者永遠不會畢業。

過度專業化

下圖來自「富爸爸」系列叢書《富爸爸有錢有理》。

很多創業者仍舊停留在S象限而沒能進入B象限，其原因在於他們過於專業化了。比如說，自己開業的醫生應該被歸類為創業者，但他們很難從S象限走入B象限，因為他們所接受的訓練太過專業——他們的杯子已經滿了。若想從S象限走進B象限，就需要接受更廣泛的訓練，而且杯子必須是空的。

關於現金流象限，另外要說明的一點就

是：富爸爸之所以建議我成為一名處於B或I象限中的創業者，是因為在這兩個象限中，稅收是最優惠的；對於E象限和S象限中的雇員和自由職業者，稅法就沒那麼仁慈了。稅法等於是在鼓勵人們成為B象限中雇用很多人的企業主，或是I象限中投資於政府希望增長的專案的投資者，或者說，稅法是在向這些人提供機會。總之，不同象限的稅率也不同。

本書將會討論各個象限的差別，以及一名創業者如何從一個象限進入另一個象限。

差別清單

在辭職之前，應該先搞清楚自己是否願意從雇員變成創業者。完成這種巨變需要具備以下素質：

1. 從安全邏輯轉向自由邏輯的能力。
2. 在沒錢狀況下營運的能力。
3. 在缺乏安全保障的狀況下營運的能力。

4. 注意「機會」而不是「資源」的能力。
5. 針對不同人群的不同管理風格。
6. 管理自己難以控制的人員和資源的能力。
7. 以團隊業績或價值為導向，而非以薪水或級別為導向。
8. 做個積極的學習者——終生學習。
9. 多樣化地學習，而不是專業化地學習。
10. 為整個企業承擔責任的勇氣。

你可能會注意到農民——也就是最早的創業者——就必須具備以上素質中的很多項才能生存下來。他們只有在春天播種，才能在秋天收穫。為度過那些漫長難熬的冬天，他們要祈禱每年風調雨順、蟲害遠離。富爸爸總是說：「你要是具備像農民那樣堅韌的意志，就一定能成為一個偉大的創業者。」

堅持，世界就會改變

儘管這本書開始描述的是成為創業者漫長而痛苦的過程，我還是想讓你們知道，在雨過天青之後，就會看到那個金罈子。萬事起頭難，任何需要學習的過程都是這樣，就連學走路和學騎車也一樣。你們一定還記得，我做創業者的第一天也不怎麼走運。但如果能堅持下來，世界便會改變。你學會走路和騎車之後，世界不是變了樣嗎？創業也是如此。

至於我，風雨過後出現的那個金罈子比我所能想像的要大得多，成為創業者的過程也比成為雇員帶來更多財富。此外，我還成了名人，世界各地都有人認識我，我很懷疑如果自己一直當職員，是否能出名。最重要的是，我們的產品被世界各地的人所接受，並對他們多多少少有所幫助。學習成為創業者的過程中最棒的一點就是能為愈來愈多的人服務。服務更多的人是我成為創業者的主要原因。

創業者的哲學

成為創業者要從改變思維開始。離開全錄公司的那天，我的哲學就從窮爸爸哲學變成了富爸爸哲學。變化差不多是這樣的：

1. 從追求安穩到追求自由。
2. 從想要穩定的薪水到想要巨大的財富。
3. 從依賴他人到獨立。
4. 從遵守別人的規則到為自己定下規則。
5. 從聽從命令到發出命令。
6. 從說「這不是我的責任」到願意承擔全部責任。
7. 從努力適應一種企業文化到創造自己的企業文化。
8. 從抱怨世界到改變世界。
9. 從對問題無能為力到發現問題並把它變成商機。
10. 從雇員到創業者。

新的超級創業者

一九八九年，世界發生了歷史上最大的變化；一九八九年，柏林牆倒塌，網際網路興起；一九八九年，冷戰成為歷史，全球化取而代之；世界從「牆」變成了「網」，從隔離變成了融合。

在暢銷書《世界是平的》（The World Is Flat）中，佛里曼指出：隨著牆的倒塌和網路的興起，世界變成了一個超級大國（美國），出現了全球超級市場和超人。

我的預言則是：世界上會出現新的超級創業者，他們的財富會讓今天的億萬富翁們相形見絀。在八〇年代，比爾・蓋茲和邁克・戴爾都是炙手可熱的新貴。而新的億萬富翁則是Google的創始人賴瑞・派吉與賽格・布林，和臉書馬克・祖克柏。我預測下一個超級創業者不是來自美國。為什麼？答案同樣是：因為牆變成了網。

一九九六年，電信改革法案和來自華爾街的投資催生出一批公司，其中包括後來破產的環球電訊（Global Crossing）公司。這家公司完成了一項重要的任務，就是用光纖把全世界聯繫在一起。這些光纖網路一旦啟用，印度這些地方的天才們就不用移民到矽谷去找工作了。他們現在可以在家工作，需要的薪資也低得多。

鑒於光纖和網路的威力，我認為下一批比爾・蓋茲或賴瑞・派吉與賽格・布林會在美國之外誕生，可能是印度、中國、新加坡，也可能是愛爾蘭、紐西蘭或東歐。才華、創意、技術，這些因素加在一起，會催生出下一代富可敵國的年輕創業者。

今天，很多美國人都在為高收入職位向海外流失而焦慮。這些職位不僅流向印度，也流向全世界。即使是會計、律師、股票交易員和旅行社代理這樣的工作，都可以被外包到海外，以更低的價格雇到人。

雇員的工作機會愈來愈少

那麼，這對於「上學，然後找一份穩定、高收入的好工作」，或是「好好努力在公司裡往上爬」這樣的老建議有什麼影響呢？在我看來，這些老生常談已經大大貶值了。很多職員會發現，可以做的工作愈來愈少，千萬里外的人都在和他們競爭。我們都知道，許多員工已經很久沒加薪了。如果國外有人願意為少得多的薪資做同樣的工作，又何必給他們加薪呢？

創業者和雇員的另一個巨大區別是：創業者一定會為從牆到網的轉變而興奮，而雇員們卻因這些改變而恐慌。

最後一點差別

我想提到的最後一點差別是雇員和創業者在薪資方面的差別。有些最有名的CEO，像是賈伯斯和巴菲特，薪資最低。有可能是因為有些CEO是像雇員為了薪水而工作，有些CEO是創業家為了另一份收入而工作？

你是一個創業者嗎？

現在你已經知道了一些雇員和創業者的區別。本書的目的就是要深入討論這個區別，幫助你在辭職之前做出決定：創業對你來說是不是一條合適的路。

工資最高的CEO		（美元）
1. 魏爾德（John Wilder）	TXU電力公司	55,200,000
2. 透爾（Robert Toll）	TOL營建公司	44,300,000
3. 伊拉尼（Ray Iran i）	西方石油公司	41,700,000
4. 納德利（Bob Nardelli）	家居貨棧	39,500,000
5. 山德（Edward Zander）	摩托羅拉	38,900,000
工資最低的CEO		
1. 理察．建達（Richard Kinder）	KMI能源管路	1
2. 賈伯斯（Steve Jobs）	蘋果電腦、皮克斯動畫	1
3. 貝佐斯（Jeff Bezos）	亞馬遜網路書店	81,840
4. 華倫．巴菲特（Warren Buffet）	波克夏投資公司	311,000
5. 保羅．安德森（Paul Anderson）	杜克能源	365,296

 網路的興盛使許多工作都可以外包到海外，雇員為這些改變而恐慌，創業者則感到興奮。

結論

在我看來，一名創業者和一名雇員最主要的區別就在於：一個追求安穩，一個追求自由。

我的富爸爸說過：「你要是能成為一名成功的創業者，就會得到一種自由，嚐過這種自由滋味的人並不多。其結果不單單是擁有很多錢和空閒時間，而是對恐懼本身無所畏懼。」

「對恐懼無所畏懼？」

他點點頭繼續說：「看看『安全』這個詞的表面下有什麼，你會發現是『恐懼』藏在下面。這就是為什麼大多數人會說『好好上學』，這不是出於對學習的熱愛，而是出於恐懼——怕找不到好的工作，怕賺不到錢。看一看老師在學校裡是如何激勵學生的吧，是透過創造恐懼。他們說『不好好學你就會不及格』。他們是用對失敗的恐懼來鞭策學生。當學生畢業找到工作後，恐懼又一次成為動力。雇主會有聲或無聲地告訴他們『不好好工作你就得走人』。員工們因為害怕而更努力地工作——對於桌上沒有食物的恐懼、沒錢償還房貸的恐懼，人們渴望安全的原因正是恐懼。但問題是安全並不能治癒恐懼，只是暫時掩蓋恐懼，恐懼始終還在，就像一個藏在床底下竊笑的老巫婆。」

富爸爸說這番話時，我還是個高中生。我確實明白為恐懼而學習的含義。「在學校，我不是為了熱愛知識而學習，是因為害怕不及格。我太怕不及格了，所以不得不努力去學那些自己永遠也用不上的東西。」

富爸爸點頭說：「為安全而學習與為自由而學習不同。人們如果是為自由而學習的話，肯定會學些別的科目。」

「那學校為什麼不多設些科目讓大家自己選呢？」

「不知道。」富爸爸說：「為安全而學習的問題在於，恐懼一直在那兒，只要恐懼存在，你就很少能感覺到安全，就算你表面上功成名就、無憂無慮，你其實也總是在暗暗擔心。在追求安全中度過一生的最糟糕之處是，你擁有兩種生活——一種是你正在過的生活，一種是你從未得到過、卻覺得自己應該過的生活。這就是為安全而學習的結果，它最大的問題就是無法治癒恐懼。」

「那麼成為創業者就不會有恐懼了？」

「當然不是！」富爸爸笑道，「只有傻子才相信創業者天不怕地不怕。恐懼永遠伴隨著我們，任何宣稱自己無所畏懼的人都是在說謊。我的意思是『對恐懼無所畏懼』，也就是說，你不再害怕經歷恐懼、不再是恐懼的囚徒、不再像大多數人那樣讓恐懼決定自己的生活。相反，你會學著面對恐懼，並使它為自己所用。成為一名真正的創業者，你就不會在企業資金不足時逃跑，不會在擔心無法付帳時發抖，你會鼓足勇氣向前，會清晰地思考、學習、閱讀、和陌生人交談、會產生新的想法、採取新的行動。對自由的渴望能給予你勇氣，幫你度過沒有穩定工作和收入的年月。這就是我所說的自由，是對恐懼的無所畏懼。恐懼每個人都有，區別在於我們是帶著恐懼去尋找安全，還是尋找自由。雇員會尋找安全，而創業者會尋找自由。」

「那麼，如果尋找安全是因為恐懼，尋找自由又是為了什麼呢？」

「勇氣。」富爸爸笑了。「勇氣這個詞來自於法語，le coeur——心。」

他頓了頓，這樣結束了談話：「你是要當創業者還是雇員，答案就在你的心裡。」

自由比生命更可貴

《逍遙騎士》（Easy Rider）是我最愛的電影之一。裡面的影星有彼得・方達、丹尼斯・霍普和傑克・尼克遜。在其中一幕戲裡，傑克被殺之前，他跟丹尼斯談起了自由。我想就用那裡面的台詞結束這個引子吧，因為那正是我成為創業者的原因。我為了自由而選擇做一個創業者。對我來說，自由比生命本身更重要。

在那一幕戲中，三個人受到一群流氓欺負和威脅之後逃出了城，在一片沼澤中露營。

丹尼斯（以下簡稱丹）：「他們害怕了，老兄。」

傑克・尼克遜（以下簡稱傑）：「哦，他們怕的不是你，是你代表的人。」

丹：「我們代表的就是一群該剪頭髮的傢伙。」

傑：「不對，你代表的是自由。」

丹：「自由到底錯在哪兒了，老兄？自由就是自由而已。」

傑：「是啊，沒錯。自由就是自由而已。不過談論自由和真正的自由可是兩回事。我是說，當你在市集上被買來賣去的時候，要想自由可沒那麼容易。別跟任何人說他們不自由，不然他們就要殺人給你看，證明他們是自由的。哦，是啊，他們會跟你說啊說啊說啊，整天說個人自由，可是當他們看到一個活生生的自由人站在面前時，立刻就被嚇壞了。」

丹：「可他們也沒被嚇跑啊？」

傑：「但他們感到了危險。」

就在這一幕之後，他們中了埋伏。尼克遜演的角色死掉了，方達和霍普繼續逃跑，但最終也被殺死。

雖然電影對不同的人有著不同的含義，對我來說，它講述的就是：要有勇氣爭取自由，做你自己的自由，無論你是創業者還是雇員。

謹將本書剩下的部分獻給你的自由。

第一章

任何人都能成為創業者

Before you Quit Your Job

從正確的思維方式開始

從小到大，我常常聽窮爸爸說這樣的話：「上學要拿高分，這樣你就能找到一個待遇好的工作。」他一直鼓勵我成為高薪雇員。

而我的富爸爸常說：「你該學會開創自己的事業，並且雇用優秀的人才。」他鼓勵我成為創業者。

有一天，我問富爸爸雇員和創業者之間的區別是什麼。他的回答是：「雇員們是在一個企業誕生之後才去工作，而創業者是在企業誕生之前就開始工作。」

百分之九十九的失敗率

統計顯示，百分之九十的新企業都會在五年內夭折。統計還顯示，在倖存的百分之十的企業中，大部分會在第二個五年內結束營業。也就是說，大約百分之九十九的新創企業活不過十年。為什麼呢？原因很多，以下這些可能是最重要的：

1. 學校總是把學生訓練成善於找工作的職員，而不是善於創造工作機會和開辦企業的創業者。
2. 好雇員並不一定能成為好的創業者，兩者需具備的技能大不相同。
3. 很多創業者沒能開辦自己的企業，他們為自己工作，是自由職業者而不是企業主。
4. 很多創業者辛苦工作，收入卻比他們的職員還少。結果，很多人因為精疲力盡、半途而廢。
5. 很多創業新手在還沒獲得足夠的實踐經驗和資金時就開始創業。
6. 很多創業者擁有絕妙的產品或服務，卻不具備在此基礎上創建成功企業的商業技巧。

創業就像不背降落傘從飛機上跳下去

富爸爸說過：「創業就像不背降落傘從飛機上跳下去，再在空中造傘，期待它能在落地前打開。」他還說：「要是傘沒造好就摔到了地上，要想再爬上飛機跳一回可就難了。」

如果你們熟悉「富爸爸」系列作品的話，你們一定知道，我就是好幾次跳出了飛機，又沒在落地前把降落傘造好。幸好我掉到地上又彈了起來。這本書就會講述這樣的經歷。很早以前，我也有一些成功和失敗，但都不算大，所以落地反彈起來也不是特別疼，可那都是我開始做尼龍魔鬼氈錢包生意之前的事了。我在這本書裡詳細地講這些，是因為我犯了許多錯誤，並且不斷地從中學習。我曾經非常成功，那成功就像天空一樣高，摔下來時摔得多重也就可想而知了。那一次我花了一年多時間才振作起來。不過，那是我這一生中最寶貴的一次商業經驗。在重整旗鼓的過程中，我學到了很多生意上的訣竅，也更加瞭解自己了。

失敗的開端是個小裂縫

我在尼龍魔鬼氈錢包的生意上陷入了困境，原因之一就是沒有注意一些小事。「登高必跌重」這句老話自有道理，我的錢包生意擴張得太快，遠遠超出了我們三名創業者所能控制的程度；我們建立的不是一個企業，而是一個超級怪物，自己卻還毫無知覺，突如其來的成功也加速了我們的失敗。真正的問題在於，我們甚至不知道自己正在走向失敗，還以為自己已經是成功人士、富人和天才。就算我們諮詢專家（比如專利律師）我們也沒有把他們的話聽進去。

那時我們都是二、三十歲左右的年輕人，一到晚上就把生意丟到腦後，玩到深夜。我們還以為已經建立了一家企業，以為自己是企業家，對自己的成功故事充滿信心，在我們的聚會上誇誇其談、觥籌交錯。很快，我們每個人都買了跑車，並且更頻繁的花天酒地。成功和錢財蒙住了我們的眼睛，我們看不到大壩上的裂縫。

最後，大壩倒塌了。草草建起的大廈在我們身邊傾覆，而我們的降落傘也沒能打開。

失控的企業難以生存

我要講到當年創業時的蠢事，是因為很多人都以為讓企業關門大吉的是「不成功」——在很多時候確實如此。然而，在尼龍錢包生意上的失敗卻讓我明白：太成功有時也會讓企業關門。我要說的是，一家失控的企業多半會倒掉，無論它一開始成功與否。

勤能補拙，但不一定能創造成功企業

一家剛創業的公司即便開頭不怎麼景氣，但如果創業者勤勉認真、意志堅定，它還是有機會生存下來。這就是勤能補拙——努力的工作有可能彌補商業創意上的缺陷，使之免於失敗。在這個世界上，你能找到千千萬萬的小業主，兢兢業業地駕駛著他們的破船闖過狂風巨浪。問題在於，他們一旦休息，生意就衰敗了，小船馬上沉入海底。

在世界的各個角落，眾多的創業者吻別家人，抱著犧牲的決心出去做生意。每天早晨他們上班時，都想著只要自己再勤奮點、工作時間再長點就能解決生意上的問題，比如銷售額不高、員工不勤快、諮詢顧問失職、流動資金不夠、供應商漲價、保費上升、房租增加、政策變化、政府檢查、稅率上調、消費者不滿、客戶不付款、工作緊張等——這些還只是創業者每天面對的眾多問題中的一小部分。他們根本沒有意識到，他們今天面對的問題昨天也在面對，這些問題早在企業誕生前就已經出現了。

小企業失敗率高的重要原因之一就是因為筋疲力盡，工作時間都被這些無法產生任何利潤、甚至吞噬利潤的事情占據時，要想讓企業保持成長和營利是很艱難的。如果你考慮自己做生意，那麼在你辭職之前，應該和一名創業者談談，問問他或她每天有多少時間是花在無法帶來收入的事務上，以及該如何應對這個問題。

如同我的一位朋友曾經說過的：「我太忙於照顧我的企業。以至於沒時間賺錢了。」

高工時及兢兢業業是否能保證成功？

我的一位朋友辭掉了檀香山一家大銀行的高薪職位，在城裡的工業區開了家小餐館供應午餐。當老闆一直是他的夙願，在銀行管理貸款業務時，他看到銀行最富有的客戶都是些企業家，也想要躋身其間。就這樣，他辭職，開始追尋自己的夢想。

每天，他和媽媽四點鐘就起床，開始準備午餐。兩個人都很勤快，他們洗切煮燒，努力做出又便宜又美味的午餐。

這之後好幾年，我常常在他的小餐館門前駐足，走進去吃頓午餐，他們看起來非常快樂，為自己的客人和工作感到滿足。「我們遲早會擴大的，」我的朋友說，「我們會雇人來幫忙賺錢。」問題是他所說的「遲早」一直沒來。後來他媽媽過世，餐館也關門了，他在一家速食連鎖店找了份工作，當上了餐廳經理，他又做回了雇員。上一回我見到他時他說：「收入不怎麼樣，不過至少工作的時間短多了。」顯然他的降落傘也沒有打開，在真正建立起一個企業前他就摔到地上。

現在你們可能會說：「他至少嘗試過了。」或是「他只是運氣不好。如果他媽媽活著，他們可能已經擴大規模，也賺了不少錢。」或是「你怎麼能批評如此努力工作的人呢？」我很理解你們的感受，我也不是想批評他們。我們雖然不是親戚，我卻像愛自己的親人一樣愛著他們。我知道他們過得很開心，然而日復一日，生意卻沒有進展，我寫這個故事只是想說明這點。生意的垮臺也是從生意辦起來之前就開始了，他在辭職之前並沒設想好自己的生意。

你適合做創業者嗎？

如果這些兢兢業業卻沒能成功、公司營運順利也會倒閉、不帶降落傘就往下跳的故事已經嚇壞了你，你可能就不是當創業者的料。

但如果這些故事激起了你的鬥志，那麼就讀下去吧。在讀完這本書之後，至少你會對創業者的成功之道多瞭解一些，還會更清楚該如何構想、設計和創建一家企業，並且讓它自己成長壯大，使你變得富有——比你想像得還要富有。無論如何，既然你準備不帶降落傘就往下跳，這樣大的賭注也許能讓你贏得很多。

設計一個能獨立營運的公司

創業者最重要的工作從生意開張和雇員上班之前就開始了。創業者的職責就是要設計一個能夠成長、能夠雇用很多員工、能為客戶創造價值、能為所有相關的人帶來富裕、熱心公益、富有社會責任感，並且不完全依賴創業者支撐的企業。在企業誕生之前，創業者就該在頭腦中設想這些。按照富爸爸的說法，這就是一個真正的創業者的職責。

創業者不停失敗，直到成功為止

有一次，我在生意失敗之後垂頭喪氣地去找富爸爸，問他：「我做錯了什麼嗎？我本來設想得好好的。」

「顯然你並沒有設想好。」富爸爸笑著說。

「我還得這樣失敗多少次啊？在我認識的人裡，我是最失敗的一個。」

富爸爸說：「失敗者輸了就退出；勝利者不停失敗，直到成功為止。」他漫不經心地整理桌上的文件，然後突然抬起頭，盯著我說：「這個世界上到處都是懷才不遇的創業者。他們坐在辦公桌後面，頭上頂著聽起來十分唬人的頭銜，好比副總裁啦、分公司經理啦、總監啦——當然有些人也賺得不少。他們坐在那兒，老是幻想著有一天開創自己的企業帝國，但只有少數人會真的去做，多數人永遠不敢邁出那一步。他們會為自己找到一套藉口和說辭，比如『等小孩長大以後』或是『等我存夠了錢以後』。」

「但他們就是不會從飛機上跳下來。」

富爸爸點點頭。

你想成為什麼樣的創業者？

富爸爸接著講到，世界上充斥著不同類型的創業者：大的、小的、有錢的、沒錢的、老實的、滑頭的、見錢眼開的、大公無私的、心靈高尚的、罪大惡極的、小富則安的、志在四方的、功成名就的、一敗塗地的……「創業者是一個很寬泛的詞，對不同人有著不同的意義。」

建立B象限企業

就像我在引言裡提到的，現金流象限闡釋了組成商業世界的四個不同的人群。通常，他們在技術上、情感上和精神上都是各不相同的人。

比如說，雇員總是愛說同樣的話，不管他們是總裁還是看大門的，你會聽到他們說：「我正在找一個既安全、保險待遇又好的工作。」這裡面的關鍵字是安全和保險；也就是說，害怕的情緒將他們限制在E象限內。如果他們想要進入別的象限，不僅需要學習新技能，也需要克服自己的恐懼。

我們會聽到S象限的人說：「如果你想把事情做好，就得自己去做。」

在很多情況下，這個象限中的人的問題是：無法相信別人能做得比自己更好，這種信任危機害他們無法成長，不信任他人是很難把生意做大的。如果S象限的人確實成長起了，多半是藉由合夥人制，也就是一群S象限的人一起合作。

B象限內的人總是在尋找優秀的人才和好的商業系統，他們不會事必躬親，而是關注如何建立起一個能夠自行運轉的企業。一個處於B象限的真正的創業者能夠在全世界開拓生意，而S象限的人經常局限於自己所能掌控的小小領域——當然其中也有特例。

I象限人士，也就是投資者，他們總是在尋找聰明的S或B象限人士，將自己的金錢託付給他們，以期獲得收益。

富爸爸在培養我和他的親生兒子時，教導我們要先建立一個成功的S象限企業，再逐步向成功的B象限企業發展。本書要介紹的就是如何達到上述目標。

你想建立什麼樣的企業？

作為富爸爸的創業訓練的一部分，他鼓勵他的兒子和我走出去，盡可能多瞭解各種不同類型的企業，「如果你們對於世界上有哪些類企業和哪些類創業者都不甚了了，又怎麼能成為創業者，設計自己的生意呢？」

S象限的個人創業者

富爸爸非常認真地為我們解釋：很多創業者都不是企業所有者，而是自己雇用自己的個體創業者——他們是工作的主人，但不是企業的主人。富爸爸說：「如果公司的名字就是你的名字，那麼你多半就是這類人，你一停下工作，就沒有收入；你的客戶每次都直接來找你，一發生問題，雇員們也都來問你。就算你是最聰明、最有才華、受過最好教育的人，也仍舊可能只是個體戶。」

富爸爸並不認為個體業主有什麼不好。他只是希望我們瞭解兩種創業者之間的差別：一種擁有自己的企業，一種擁有自己的工作。諮詢顧問、音樂家、演員、餐館老闆、小店老闆和多數從事小買賣的人都只擁有他們的工

 專業達人也可以創立小企業，但往往無法長成大企業，
這是因為一開始沒有好好設計企業的未來。

作，但不擁有企業，所以處於S象限。

富爸爸之所以想要說明這些人和大企業主之間的區別，是因為他們多半很難把自己的生意擴展成大型企業。換句話說，要從S象限進入B象限，挑戰很大。為什麼呢？答案還是：在生意開始之前設計不足，從它出生之前就注定了這樣的命運。

富爸爸自己是從S象限做起的，然而在腦中，他始終在設計一個非常大的企業，由比自己更聰明更能幹的人來經營。在他開始做生意之前，已經設想好了從S象限進入B象限之路。

職業人士

富爸爸還希望我們弄清楚，醫生、律師、會計、建築師、水電工這類專業人士多半是憑藉一種特殊的專長或手藝，由個體從業者起步的。一般他們需要獲得政府的執業許可才能開業。

在這個類別內還包括專業的銷售人員，他們多擁有獨立顧問執照，例如在房地產、保險、證券方面的從業資格。這些人在技術上算是個體創業者，也是勤勞的獨立工作者。

這類生意的問題在於無法轉手賣出，因為除了經營者個體以外不存在真正的生意；在很多情況下，也沒有「資產」可言，資產就是業主本人。就算他們生意順利，也無法達到B象限的大企業那種規模，能維持現狀通常就足夠令他們滿意了。事實上，他們從生意的主人變成了自己客戶的雇員。

在我的富爸爸看來，勤奮工作卻無法創造出資產是毫無意義的事，這也就是為什麼他從不贊成他的兒子和我成為雇員。他說：「累得半死卻沒創造出什麼財富，這又何必呢？」

在這本書後面的部分，我們還會仔細討論創業者能夠創造出生意資產的一些方法——一種他們能夠建立、有朝一日也能夠賣出的資產。

家族企業

創業者中的一大類就是我們常說的「家族企業」：許多小生意都是家庭經營的，我的外婆就開了一個小小的便利店，全家人都得輪流去幫忙。

親緣關係是這類企業成長的障礙，很多人都把生意傳給自己的孩子，就算他們並不能幹，只是因為「血濃於水」。在很多情況下，下一代對於父母創建的生意並沒有那麼大的熱情，也缺乏能夠領導生意繼續發展的創業精神。

加盟

授權特許經營生意，例如麥當勞，在理論上類似於交鑰匙工程。企業所有者把現成的生意賣給不願從頭開始創辦和發展企業的人，這些人是暫時的創業者，這類生意的好處是，銀行更樂意貸款給購買特許經營權的人，而不是白手起家的人。其他特許經營店的成功使銀行感到安心，同時銀行也考慮到，特許商總是會給新店主一定的監督和幫助。

大品牌特許經營店的最大問題是，對於剛入門的創業者來說代價太昂貴，而且缺乏自主性。特許經營經常會出現法律糾紛，甚至最後對簿公堂。這類爭議是最讓人厭煩的。

發生糾紛的一個很大的原因是，購買了特許經營權的人常常不願按照生意創建者、也就是授權方的模式來經營。還有，如果生意不景氣，怨氣往往被發洩到授權方身上。如果你是一個不願按別人規定的軌跡走路的人，那麼你最好還是自己來設計、創建並開始你自己的生意吧。

傳直銷

在當今的世界上，直銷可能被認為是發展最快的商業模式，但也是最具爭議的商業模式。很多人對這類銷售敬謝不敏，總覺得很多直銷組織都是在設置金字塔騙局。事實上，世界上最大的金字塔是在那些傳統的大企業裡，一人高高在上，眾多員工墊底。

每個想成為創業者的人都應該瞭解一下直銷，財富雜誌五百大中的一些企業，都是藉由傳直銷系統來銷售自己的產品的。

我自己並不從事任何直銷生意，但還是要為這類生意說說好話，準備辭職創業的人不妨考慮一下加入這類生意。為什麼呢？因為很多這類的公司可以提供重要的銷售、創業和領導技巧，這在別處是很難學到的。一家聲譽良好的直銷企業不僅能引導你形成正確的思維方式，還能培養你成為一個創業者的勇氣，你也將在此過程中對建立成功企業的系統工作更加熟悉。入門的費用通常不高，而你從中學到的東西是無價的。（為深入介紹這類企業的價值，我們專門寫了一本叫《富爸爸商學院》的書，詳情請參考高寶閱讀網gobooks.com.tw。）

如果我能從頭開始我的創業生涯，我可能會從直銷開始，不是為錢，而是為了培訓，就像富爸爸曾經給我的培訓那樣。

挖人牆角

邁克和我曾經跟富爸爸進行過一場有趣的討論，是關於創業者如何從其他創業者那裡盜竊。富爸爸舉了個例子：假設有一名會計師在為一家會計公司工作，有一天，作為雇員的他冒出了辭職自己幹的念頭，於是開了家自己的公司，還把原來當雇員時累積的客戶拉了過來。換句話說，這名會計師走出了一家公司的大門，卻把公司的生意隨身帶走了。富爸爸說道：「有時這可能不算違法，但仍然是一種盜竊行為。」儘管這也算是一種創業方式，他卻絕對不希望我們採取這種方式。

創業者靠的是創造力

他希望我們成為有創造力的創業者，像愛迪生、迪士尼、賈伯斯那類人。

富爸爸說：「當小業主容易，比如開一家賣三明治的小店；當水電工這樣的技師或牙醫這樣的職業人士也相對容易；當一個和別人搶飯碗的創業者——也就是看到別人的好主意，把它照抄過來，再去和別人搶生意——也不難。」我開創了尼龍魔鬼氈錢包生意後就發生過這類事。我們剛一開創出市場，新產品甫獲得知名度，強盜們就從樹叢裡跳了出來，把我的小生意搞垮了。當然我也不怪他們，該怪的是我自己，因為我在開辦生意之前沒有設想周全。

雖然遭受打擊，但富爸爸還是很高興我在學著做一個有創造力的創業者，而不是一個搶奪別人果實的人。他說：「有的創業者贏在創新，有的創業者贏在抄襲和搶奪。」他還說：「在各種創業者中，有創造力的創業者冒的風險最大，他們也是革新者。」

「為什麼他們冒的風險最大呢？」

「因為具有創造力就意味著總是得當先驅。把一個現成的成功產品抄襲過來是簡單的，風險也沒那麼大。如果你學著去做一些革新性的事情，去開創或是發明出自己的成功道路，那你就是一個創造新價值的創業者，而不是靠抄襲取勝的人。」

上市公司和私有公司

市場上私有大企業或小企業占了很大比例，一家大型的私有企業通常是被「緊密控制」的，也就是說由少數幾個主人擁有，其權益也與廣大公眾無關。

而一家公眾擁有的公司則是向大眾發售股票，股票通常是藉由券商或掮客售出，一家上市公司會在某家股票交易所（例如紐約股票交易所）出售股票，所需遵守的經營規則也比私有企業嚴格得多。

富爸爸一直未能建立一家上市公司，但他卻鼓勵邁克和我這樣做，他認為我們應該把這列為我們創業生涯目標的一部分。一九九六年，就在我建立富爸爸公司的同年，我們還建立了一家石油公司、金礦公司和銀礦公司。石油公司雖然採出了油，但還是失敗了，這其中另有故事；金礦和銀礦公司都成功地找到了礦。儘管石油公司倒閉了，但另兩家公司還是給投資者帶來了很多收益。

建立一家上市公司是一次偉大的經歷。就像富爸爸期望的那樣，我在這個過程中學到了很多，並由此變成了一個更優秀的創業者。我發現上市公司所受的約束更嚴格，一家上市公司其實是兩家不同的公司，它服務於兩群不同的客戶——真正的客戶和投資者，並且伺候著兩群不同的老闆——董事會和政府證券管理部門，比如證券交易委員會。我還發現，它得執行更嚴格的會計和報表標準。

當我剛開始創業時，富爸爸就說過：「很多創業者的夢想就是看到自己創立的公司上市。」不過，在出了安隆、安達信、世界通訊、瑪莎・史都華等公司的醜聞後，對上市公司的規定變得更嚴格，要求更複雜，企業執行起來也更難了；政府時不時地打壓上市公司，我發現做一家上市公司的老闆也沒我期望中那麼有趣。雖然說我學到很多，為投資者和自己賺了很多錢，成為更出色的企業家，學會如何建構一家上市公司，但我還是拿不定主意會不會再創辦一家上市公司；在緊密控制的私有小企業裡，我可以賺到更多的錢，並且享受更大的樂趣。

不是每個人都能成為創業者？

富爸爸希望他的兒子和我都能夠明白：每個人都能成為創業者。做一名創業者並沒什麼了不起，就算我們真的創業成功，他也不希望我們自命不凡、看不起人。

他告訴我們：「任何人都能成為創業者，你鄰居的嬰兒保姆是創業者，福特汽車的創始人亨利・福特也是創業者。任何有一點點想法的人都可能成為創業者，所以不要以為創業者與眾不同或是比別人優秀，你們要做的只是弄清楚你們最想成為哪類創業者——是看小孩的？還是亨利・福特？他們都為人們帶來了有價值的產品或服務。對於他們的客戶來說，他們都是重要的。然而他們工作的領域和創業的規模又如此不同，區別大的就像學生橄欖球賽和職業橄欖球賽一樣。」

藉由這個例子，我弄懂了富爸爸的意思。我在紐約上大學時，有一次，我們的校隊有機會和幾個來自職業球隊的選手比一場。結果我們潰不成軍。很快校隊的所有人就都明白了，雖然我們和人家從事的是同一項運動，但完全不在一個水準上。

使我意識到自己和職業選手的差別的是，當身為後衛的我試圖用猛撞阻止職業球員往回跑，但他就像沒事人似的直接跑過去了，我甚至懷疑他是否察覺到我撞了他，我就像螳臂擋車一樣，沒礙著人家卻傷了自己。那傢伙和我塊頭差不多，撞了他之後，我知道我們兩人的差別可不在體格上，而是在精神上。他的勇敢和堅定決定了他是一個偉大的運動員。

那天的比賽給我的教訓就是，雖然我們玩著同一種遊戲，卻不是在同一基礎上競技。在商業世界中，創業者的遊戲也是如此，我們大家都能成為創業者，這不是什麼稀罕事，在設計一個生意時，更好的問題是：「你想在哪個層次上參與比賽？」

如今，我已不那麼年輕氣盛、莽撞無知了，也就不再幻想自己有一天能成為愛迪生、亨利•福特、賈伯斯或迪士尼那樣偉大的創業者。不過，我依舊以他們為榜樣，將他們視為楷模。

這就是富爸爸創業課程的第一課：「成功的生意是從有生意之前開始的。」

創業者最重要的工作是在生意開始之前就設計好它。

奠定成功——商業設計

很多創業者會為腦子裡冒出來的新產品或賺大錢的機會而激動萬分。不幸的是，很多人都過分專注於那個產品或機會，而不是花時間仔細檢視這個產品或機會來設計他們的生意。在你辭職之前，或許有必要瞭解一下創業者的生活方式和他們創造的不同生意的種類，你可能還應該找一位創業者當導師；人們有時愛去請教那些商業經驗豐富的雇員，而不是創業者，這是錯誤的。

在這本書裡，我們還會介紹B-I三角，這個圖形標明了創建一家企業所需的因素——不管它是大企業還是小企業，授權經營還是自營，家族企業還是上市公司，一旦你明白了建立一家企業所需要的不同要素，也就更容易設計自己的生意，衡量出優劣。

我們還有一個建議，就是先不要辭去全職工作，利用業餘時間創業——不是為了錢，而是為了累積經驗。也就是說，即使你的兼職創業賺不了什麼錢，你也還是能得到一些比錢重要得多的東西——實踐經驗，你不僅能多瞭解一些商業世界，也能多瞭解自己。

第二章

創業者不怕失敗

Before you Quit Your Job

九歲的第一筆生意

我的第一筆生意失敗於一九五六年，那年我九歲。

我的第二筆生意成功於一九五六年，那年我還是九歲。如果沒有第一筆生意的失敗，我的第二筆生意就不會成功。

失敗是成功之母

在人生早期遭遇的生意失敗是一種難得的經驗。對我來說，它是我設定未來成功戰略的助力。九歲那年，我就已經知道：犯錯是學習做生意的最佳途徑，儘管那個階段我沒能賺到很多錢，後來我卻意識到，藉由失敗學到的愈多，才會愈富有。我總是在做一些嘗試，也知道可能會失敗。為什麼呢？因為在九歲時，我就已經知道失敗是成功之母。

創業者們失敗主要有兩個原因，一個是對失敗的恐懼讓他們裹足不前，因而一事無成；他們早晨起來去上班，帶著一堆不能辭職創業的藉口，這些藉口包括：錢不夠、太冒險、時機不對、要養小孩……。

創業者失敗的第二個原因是他們失敗得還不夠。很多小業主和個體從業者獲得一點成功後，就止步不前，結果生意達到一定規模後就停止成長，不是維持原狀就是垮臺。這時，創業者需要再冒一次失敗的風險才能重新成長。

對失敗的恐懼是許多人終其一生都未能成功的主要原因。這不僅發生在做生意時，也在生活的各個方面反覆上演。我還記得，在整個高中期間我都沒約過任何一個女孩，只是因為怕被拒絕。最後，在畢業前一天，我邀請一位漂亮的女同學參加高中舞會，出乎我意料的是，她竟然爽快地答應了。那次的約會並不成功，但至少對我而言是一大進步。

勇於犯錯是創業者和雇員之間的差別

不久前，在接受一次電台採訪時，我被一位電台主持人稱為「冒險家」。我回應道：「在如今這種迅速變化的世界中，不冒險的人才是冒險家，不冒險的人正在落後。」

那是一個半小時的節目，採訪有不同事業和人生經歷的人士，節目的名字叫「我的成功祕訣」。當主持人問到我的祕訣時，我跟她講了我九歲時經歷的失敗，以及那次失敗如何讓我的第二筆生意成功。然後我說：「我發現失敗就是通向成功的道路。」

「你九歲就懂得這個了？」她問。

「沒錯。」我答道：「和大多數人一樣，我不喜歡失敗，我憎恨失敗。然而，正是早期生意上的失敗使我對未來有了認識，看清成功的過程。有人是藉由知道所有的正確答案進步的，這些人在學校裡永遠是好學生。而這不是我的路，我是藉由失敗進步的。這也是為什麼我開辦了這麼多各不相同的企業，雖然大多數不像富爸爸公司以及那兩家金礦和銀礦上市公司那麼成功，而是失敗了。此外，我在自己創業生涯的早期也沒賺到什麼錢，但後來，我賺到了比多數人還多的錢。」

「那就是說，你成功的祕密就是願意犯錯並從中學習了？」

「是的，這就是我作為創業者應該做的，我的工作就是設立新的目標、制定計畫、犯錯、冒失敗的風險。我犯的錯愈多，就會變得愈聰明。希望公司也能藉由這些教訓而成長壯大。」

「但我要是在工作中犯太多錯，一定會把飯碗丟了。」電台主持人說：「對我來說，犯錯和失敗本身就意味著失敗。我盡可能不犯錯，我恨自己犯錯，怕自己做蠢事，我必須知道正確答案。我感覺把一切事情做對——也就是按公司要求我的那樣去做——是非常重要的。」

「這就是為什麼你是名好雇員。」我溫和地答道：「老闆聘請雇員不是為了讓雇員犯錯，他們的任務就是照規則和命令行事、做好分內的工作，如果他們自行其是，或是出太多錯，飯碗就不保了，因為他們沒有滿足老闆雇他們來的目的。」

「那就是說，我作為雇員的任務就是不犯錯，而你作為創業者的任務就是冒風、犯錯，有時還要再加上失敗。你的意思是這樣嗎？」

「是的，」我答道，「這就是創業者和雇員之間的一大區別。」

「所以你會冒險，作為創業者，你就幹這個嗎？」

「不，不完全如此。」我邊笑邊說：「我不是隨隨便便地冒任何風險。首先，我必須學習犯錯的學問，並且從錯誤中學到東西；其次，我得懂得如何選擇我要冒的風險。作為創業者的技能愈成熟，我對風險的判斷也就愈準確。如今，我把冒險當成工作的一部分，失敗不是什麼好玩的事，但對進步卻是不可或缺的。」

「那麼你喜歡失敗嗎？」主持人問。

「不，恰恰相反。我和任何人一樣討厭失敗，但不同之處在於：我懂得失敗是走向成功的一個步驟。失敗時，我會知道我正處於突破自己以往經驗的一刻，正是在此時，一個『新我』也就誕生了。」

「新我？」主持人詫異地問道：「什麼意思？」

「嗯，」我不慌不忙地答道，「其實我們都有過這種『新我』的經歷。比如說，當我們還是嬰兒時不會走路。後來我們開始試著站起來、跌倒、再站起、再跌倒。然後，突然有一天，我們不再跌倒，開始走路了；從我能走路的那一刻起，我就不再是個嬰兒了。人們會管我們叫小孩，而不是嬰兒；當我們學會開車後，就變成了青年。每次我們學到一項新的技能，就有一個新人誕生了，我們的世界也為之改變，這就是我所說的『新我』的含義。新就新在我們獲得了新的技能，也能夠更好地面對一個新的世界。」

「那麼，對雇員和創業者來說，就連『世界』也是不同的囉？」主持人的問話裡帶著一絲挖苦。

「喔，當然了。」我盡量不去理會她的語調。「我們生活在完全不同的世界裡，因為我們是完全不同的人；雇員生活在躲避風險的世界裡，而創業者生活在因風險而生動的世界裡。不同的世界，不同的人。」

主持人沉默了半晌，像是在努力理清自己的思路。「而這就是為什麼那麼多雇員當不成創業者的原因？」

「這只是很多原因之一，而不是唯一的原因。」我和緩地答道：「要從一個防止犯錯的世界跳到一個積極犯錯的世界可沒那麼容易。」

「但聽你說起來感覺挺容易，」主持人說，「你好像對失敗毫不介懷。」

「我從沒有說過它容易，它只是變得比以前容易了一點兒。」我答道：「關鍵在於創業者有很多要學習的東西，而且得學得快。穩定的收入不是他們能享有的，他們必須嘗試，如果犯了錯就得迅速改正。如果他們總是避免犯錯，或是假裝自己一貫正確，或是讓別人當自己的替罪羊，就失去了學習的機會。」

「你們得快速學習是因為你們靠白手起家，沒有別人可以依靠，對嗎？」主持人補充道。

「剛開始創業時尤其如此。當你變得成熟一些之後，你就能很快從無到有地建立一些東西。作為創業者最大的樂趣之一就是想出一個主意，然後在很短的時間內將它變成一項成功的生意。幾個世紀以前，煉金術士們曾經嘗試過把鉛變成金子，而創業者的任務就是把腦子裡的想法變成金子。」

「那差不多就是點石成金嘛。」主持人說。

「差不多，」我答道，「你要是能做得到這樣，就永遠也不需要去找工作了。你跑到世界任何地方都能點石成金。我在八十多個國家做過生意。我有一家礦產公司開在中國，另一家在南美。而一名職員或是個體從業者的生意活動範圍一般局限於一個小鎮、一個州或一個國家。」

「這就是不同的世界。」主持人好像被我說服了。

「對，」我答道，「那就是創業者的世界，如果你很棒，就可以跑遍全世界做你的生意。多數的雇員在到其他國家工作前通常需要申請工作簽證，而創業者可以以獨資或合資公司的形式進入一個國家。訓練自己成為創業者的過程也就是開發你與全世界的無窮財富接軌的過程。」

「而要做到這點，就得學會把失敗變為成功。」

「沒錯。」我答。

「但如果失敗了，虧了錢呢？」她問道。

「這只是創業者的經歷的一部分。從來沒有虧過錢的創業者還真是不多。」

「但如果一名雇員虧掉了公司的錢，他就會被解雇。」主持人高聲說。

「在好多公司都是這樣。」我平靜地答道：「但我得告訴你，有時候正是對虧錢的恐懼讓人損失得更多。他們實在太害怕虧本了，結果就真的虧了。他們安定下來，可以得到一份穩定的收入。儘管他們一輩子都沒虧什麼錢，卻虧掉了獲得巨大財富的機會。」

廣告時段中的真話

「下面我們播放一段廣告。」主持人說完便關掉了播音室麥克風的音量，外面的音效師馬上開始播放節目贊助商的廣告。

我們倆在隔音的播音室裡坐著，「我想辭職已經想了好多年了。」主持人突然開口說，可能這個小小的與世隔絕的空間給了她說真話的勇氣。

「不過你的薪水那麼高，你一定捨不得離開。」我替她說出她的想法。

她點頭道：「我的薪水倒是不算多高，不過也還過得去，所以我就一直待下來了。我需要這份薪水，我丈夫和我的收入加起來還可以，不過我們有四個正在上學的小孩要養，所以沒法像你那樣自由自在地做自己想做的事。」

雖然我並不同意她的想法，但我對她說，我能理解她。

「那麼，你有什麼建議呢？我如何才能突破這種生活？因為我需要薪資、需要這份工作——就算收入不太高。我感覺被關在一間四面都是高牆的房間裡，我該怎麼辦呢？」

我思忖了片刻，最後說道：「你還記得我舉的那個嬰兒學走路的例子嗎？」

「是的，記得。」主持人說：「他們一旦學會走路，就從嬰兒變成了兒童，一學會開車就變成了青年。」

「這就是我們在人生中學習的方式。我們會產生一種改變現狀的願望，想要得到一些更好的東西。你以前可能很喜歡你的工作，但現在覺得需要改變了，那麼，這就是該前進的時刻，就像嬰兒知道什麼時候該改變、停止在地上爬行一樣。在某些奇妙的時刻，嬰兒能夠感知到那是開始改變的正確時機，他們開始靠著父母的腿或桌腿站起來；在爬行和學步的階段，他們也許只能搖擺不定地站著。他們不停地嘗試，直到有一天開始邁步，這時他們又會摔倒，他們不會像許多成年人那樣逃避，而是不斷嘗試。終有一天，他們的思想、身體和精神會完全協調，使他們能夠站立和走路。這樣，嬰兒就變成兒童了。」

「然後學會騎自行車，再學會開汽車，」主持人接著道，「嬰兒變成了兒童，兒童變成了青年。」

我總結道：「是啊，創業的過程和這相似。只是因為偶然，我從九歲就開始創業了，在九歲失敗，又在九歲成功。如果你願意為你的學習過程承擔風險，你也可以做到。」

「那麼，你對於自己的創業技巧很自信囉？」主持人問。

「不，不完全是。我只是對自己犯錯後改正和提升的能力很自信。我已經是一個很好的創業者，還計畫把自己變得更好。不過，我對自己的創業能力並不是十分自信，也不想躺在過去的成功上睡大覺。我永遠在努力、在嘗試、在檢驗我自己。只有這樣我才能不斷地進步。」

「這就是你即便冒著失敗的風險也要開始新事業的原因？」主持人問。

「就算成功我也會開始新事業。所以我今天才會擁有這麼多的企業，而且它們都能夠不依靠我親自管理而順利運轉。這就是我積累了大量財富的祕訣。大多數雇員都只有一份工作，而作為創業者，我卻擁有不只一家企業。」

「所以你不想當個體戶，也不想被每家企業的具體經營束縛住？」

「對，所以我很慶幸自己在九歲那年就嘗到了失敗的滋味。在我九歲時，我學著如何建立一個能自行運轉的生意。在《富爸爸，窮爸爸》裡我曾經寫過。」

「哦，我記得，」主持人說，「不過我沒看出來它們有什麼重要的。我不懂那些小小的生意怎麼會對你的人生有如此重要的影響。」

我點著頭說：「在九歲那年，它們就幫我弄清了人生的戰略。」

音效師這時提示我們，廣告播完了，讓我們繼續訪談。主持人打開麥克風音量，說道：「還有幾分鐘的時間，現在就讓我們總結一下吧。你告訴我們，一名創業者的任務是要犯錯，而雇員的任務是不犯錯。這就是你要告訴我們的嗎？」

「是的，沒錯，至少這是我看待事情的一種方式。如果我不懂得如何冒必要的風險、如何改正錯誤和發展公司，我就幹不下去了；而如果我的員工犯了太多錯誤，我可能也得讓他們走人。這就是為什麼我要雇聰明的員工，他們恨透了犯錯。他們做他們的工作，我做我的。」

「我現在知道為什麼家長要對孩子說：『好好上學，以後找個好工作』了。」主持人說：「學校就是培養雇員的。」

「是的，如果你在學校表現好，多半也就能在公司裡或政府部門裡好好工作。」

「你喜歡學校嗎？」主持人問。

「說實話，不怎麼喜歡。」我答道：「我在學校的表現不怎麼樣，因為我犯的錯誤太多了。我總是得C、得D，有時甚至得F。所以，在學校的時候我就想到，既然我如此容易犯錯，不如就成為一個犯錯專家。這就是為什麼我成為了創業者，而不是雇員，我在學術上不怎麼靈光，沒人會出高薪雇用我；我也不喜歡俯首聽命，這樣可能永遠也得不到提升。我喜歡改變事情，以我自己的方式，而不是以別人告訴我的方式做事。」

「你在這家電台肯定找不到工作。」主持人說。

「我可能在這兒找不到工作，但我懂得怎樣買下這家電台，再雇用比我聰明的人來管理它。」我用帶點幽默的語調說。

「OK，讓我們來總結一下吧。」主持人說：「你還有其他例子能證明犯錯與失敗對於創業者的重要性嗎？你身邊有沒有其他的人或其他的例子能夠支持你的觀點？」

「喔，那當然。」我答道：「愛迪生上學的時候，學校曾經要求他退學，因為老師抱怨他總是心不在焉或瞎搗蛋。後來，他又因為失敗了上千次而飽受譏諷，直到他發明了電燈為止。當有人問到他失敗上千次的感受時，他是這麼說的：『沒錯，我的確失敗了上千次。具體地說應該是一千零一十四次。人至少要失敗一千次才有資格發明電燈呢。』」

「這又是什麼意思？」主持人問。

「這就是說，如果你今天想要自己發明電燈泡，而不是到商店裡去買它，你可能得嘗試至少一千次。」

「他上學的時候心不在焉，後來又失敗了一千多次，」主持人說，「不過他是個發明家啊，這和創業者又有什麼關係呢？」

「你不知道他創辦了哪家公司嗎？」我問。

「不，不知道。」

「他創辦了世界上最強大的公司之一——奇異電器。一開始它的名字叫愛迪生奇異電器，是道瓊工業指數最早的十二家組成公司之一，在那十二家企業中，只有奇異電器生存到了今天。對於一個心不在焉、老是搗蛋、又不斷遭受失敗的壞學生來說，這的確很不錯了。」

採訪就這樣結束了。

從你的錯誤中學習

我的富爸爸相信人應該從錯誤中學習。他不認為犯錯是壞事，而是學習做生意和瞭解自己的好機會，他說：「錯誤就像是休止符，在對你說，『嘿，是時候停一下了……花一點時間……還有一些事你不知道……現在停下來想一想吧。』」富爸爸還說過，「犯錯是一個信號，提示你該學些新東西了。」依照這套邏輯，他又說：「很多人太懶惰了，懶得思考。他們不是去學習新的東西，而是每天停留在同樣的想法裡。」思考是費力的工作，當你不得不思考時，你就鍛鍊了頭腦。頭腦變聰明了，財富也會隨之而來。

所以，每次當你犯錯後，最好停下來，抓住這個機會學點新的東西——一些你顯然需要學的東西；當有些事情不如你意，或是你失敗的時候，先花些時間想一想。一旦你發現了它能夠教給你的東西，你就會感謝這次錯誤，如果你只是難過、惱火、羞愧或是責備他人，那就說明你思考得還不夠，你的思維能力還沒有得到提高，你還沒有學到什麼。那麼，就繼續思考下去吧。

窮爸爸關於錯誤的邏輯

作為一名教育工作者，我的窮爸爸對於犯錯有著截然不同的觀點，對他來說，犯錯就標誌著一個人的無知、愚蠢和不可信。我的窮爸爸總是在犯錯時佯裝自己沒有錯、不肯認錯，或把責任推到別人身上。他沒有把犯錯看成學習和鍛鍊一個人的頭腦的機會。他盡一切努力避免犯錯，他從未像我的富爸爸那樣，把犯錯當成好事。

學習讓壞運氣變成好運氣

「學習如何把壞運氣變成好運氣」便是我們的第二堂課。之所以要講到它，是因為我注意到富爸爸和窮爸爸面對犯錯的態度不同。在我看來，正是每個人看待這個問題的思維邏輯注定了他們最終能否在人生中獲得成功。

窮爸爸的第一次重大挫折

在前幾本書中，我曾經寫到，當我參加完越戰回到家鄉，是如何決定追隨哪位父親的人生軌跡，那時我大約二十五歲，而我的兩位父親都已年過半百。那時候，窮爸爸剛剛從共和黨的夏威夷州州務卿候選人之爭中敗下陣來。由於他和上司州長競爭參選，因而被告知他再也不能在州政府工作了。就這樣，他失業了，在五十歲時失去工作。

問題在於，他的全部知識都是關於教育的，他從五歲起就進入了學術界，一直到五十歲。失業後，他不得不早早退休，然後拿著退休金做生意，成了一個三心二意的創業者，他買了一個知名品牌霜淇淋的特許經營權，加盟這個大品牌，是因為他感覺這是一個保險的生意。可不到兩年，他認為永不會倒的生意就倒掉了，他再次失業，錢也用完了。

只知埋怨而不學習

窮爸爸陷入憤怒、沮喪和傷心中，他責怪授權方以及自己的合作夥伴害他生意失敗、虧錢。就是在這時，我理解了為何富爸爸總是強調：人要懂得適時停下來想一想，然後學習、改正。從窮爸爸的經歷中，我看到他許多次見到休止符時都無動於衷匆匆而過，從未停下來學習，只是抱怨；他的精神世界仍然是雇員，而不是創業者。

窮爸爸的霜淇淋生意開張才幾個月，他就知道自己陷入了麻煩。新開張時朋友們陸續光顧的蜜月期過去後，小店變得門可羅雀，我爸爸常常一個人坐在裡面，一待幾個鐘頭，卻等不到顧客上門。在這時，他所做的不是停下來思考、重新尋找方向，而是開除人員節省成本；他自己工作的時間更長、更辛苦，還和合作夥伴爭吵不休。最後，他拿剩下的錢雇了一名律師，起訴那個授權商坑了他。換句話說，他為了把自己的責任推給授權商，花光了最後一分錢，因為資金用光，店終於關門了。很顯然，我的親爸爸運氣不佳，而他還把壞運氣變得更壞，他沒有停下來思考和修正自己的方向，不承認是自己錯了。這樣一來，事情不僅沒能變好，而是愈來愈糟。

在從政生涯告終和唯一一次做生意失敗之後，他的餘生都是在憤恨不平、一蹶不振中度過的。對於我的一生，這些都是重要的教訓。

快樂的失敗者

職業橄欖球隊「綠灣包裝工」的著名教練文斯・隆巴迪曾經說過這樣一句話：「指給我看一個快樂的失敗者，我就能告訴你什麼是失敗者。」這麼多年來，我花了不少心思琢磨他這句話的含義。表面上，隆巴迪似乎是在說：那些對失敗無動於衷的人是真正的失敗者，而我自己在生活中就多次扮演過快樂的失敗者。我經常會說：「哦，沒關係，我並不一定要贏，重要的是我做這件事的過程。」我表面上對於失敗並不那麼介意，而且總是樂觀地應對，但在內心深處，我也憎恨失敗。換句話說，當我假裝對失敗無所謂的時候，我是在對自己撒謊。

隆巴迪的話讓人回味。在表面的含義之下，我認為他還想表達下面這些意思：

1. 沒有人喜歡或想要失敗。
2. 失敗激勵人追求成功。
3. 有的人不計一切代價地避免失敗，因為失敗是一件太痛苦的事。

在我看來，正是第三點造成了窮爸爸的生意失敗；許多年來，他一直生活在一個不惜一切代價避免失敗、避免犯錯的世界中。作為一名雇員，他已經習慣了穩定的薪水和福利，對於很多像我爸爸這樣的雇員和工作者來說，穩定遠比機會重要。

賽車課程裡的創業精神

二〇〇五年三月，我和我妻子金報名參加了包伯・本杜蘭為期四天的一級方程式賽車訓練班。我們報名的原因很簡單——它聽起來很好玩，也很刺激。

我一直很喜歡關於汽車大獎賽的電影和方程式賽車，從我的第一輛車——一輛一九六九款的達特桑二千開始，我每次買車都是買性能極好的；在日產達特森之後，我買過一輛雪佛蘭、幾輛保時捷，還有一輛法拉利。問題在於，我的駕駛技術不足以發揮這些車的性能，我的妻子金也有一輛動力強勁的保時捷，這就是為什麼最後我倆決定到賽車場上去練一練身手。

但從上課的第一天開始，我就發現我錯了。訓練班分兩個班，一個班是「高速駕駛班」，學生都是一般人，只想學習如何開快車而已；我和金卻選擇「大獎賽駕駛班」，這個班都是職業車手或是有多年賽車經驗的賽車愛好者。直到我們注意到第一個班開的是凱迪拉克，而我們開的都是大馬力的雪佛蘭，我和金才發覺我們選錯了班。

我們想過要求換班，但後來還是決定留下來與職業車手為伍，我們認為這樣能提升得更快些，不過，這個決定也讓我心裡直發毛，金的感覺也一樣。第一天午飯後，我們駕駛著加滿油的雪佛蘭參加比賽，緊張變成了恐怖。我快要崩潰了。

第二天上午，我更加猶豫不決，理智告訴我趕緊退出，找個體面的方式逃走。課堂上，教練走到我身邊和藹地說：「你開得太慢了，得再快很多才行。」這時候我已經下定決心不再上這個課了，正要開口之際，卻聽到教練接著說道：「你的妻子就不錯，她開得比你快多了。」這話激發了我的男性自尊心，理智飛到了窗外；我沒有選擇了，如果我妻子比我開得快，我就必須留下。對了，再說明一下，她是這一班十二個人裡唯一的女士，每次超過男車手她都感到無比興奮。

燒掉恐懼

整整三天，我的不安有增無減，隨著速度和進度的加快，我的頭腦已經應付不了那麼多在高速駕駛的情況下要學習和處理的狀況了。第三天午飯時，我問教練為何總是催我加速，我想要先開慢點兒，等對一切操作熟練了再加速。教練笑著說：「我希望你能開快點是因為速度可以燒掉你的恐懼。這時，是恐懼束縛了你，每當恐懼升起時，你就會不自覺地放鬆油門。這時，是你的恐懼在駕馭汽車。這就是為什麼你感到害怕時我總是要你加速。」

不過，我還是想要逃跑，還是覺得先開慢點才能練好。這時我的教練說：「你得相信有一個大獎賽車手就活在你的內心深處，如果速度不快到一定程度，你永遠也沒法把他從你心裡挖出來。我要你強迫自己拼命加速，直到內心深處的賽車手跳出來，接過方向盤；如果我允許你慢慢地蹭，那開車的就永遠是個膽小鬼。要讓職業賽車手出現只有這一種辦法——拼命加速，當你以最高速前進時，你要相信那個職業車手會來替你開車。」

第四天，我不停地問自己到底為什麼要參加這個訓練，那天，我們不再開雪佛蘭，而是換上真正的一級方程式賽車。我穿著紅色賽車服、戴著頭盔，笨重的身體簡直無法被塞進車座裡。我當時的感覺就和進棺材一樣，動都動不了，身體裡的那個膽小鬼又開始作祟，我想要逃跑。我聽到一個聲音在對自己說：「你不需要這樣來證明自己，你永遠也當不成賽車手，這完全是浪費時間。」

然而不到一個小時，我就變得興高采烈，很多年都沒有這麼開心過了。我在車裡感覺輕鬆極了，經歷了三天的訓練、恐懼和沮喪之後，突然間，我發現自己在全速飛駛。我不再感到害怕，而是得心應手、歡欣鼓舞。我內心深處的賽車手現身了，他把膽小鬼推到一邊，接過了方向盤。

下午，當我們像一群興奮的孩子離開培訓班時，普通車班的一群學員走過來說：「我們的課也不錯，不過我們真希望上的是你們這個班！」

我答道：「太妙了，直到今天前，我還一直希望我上的是你們那個班。」

兩個不同的世界

我提起這次經歷不是為了吹噓自己的車技，而是因為我在這個培訓班中的經歷像極了從雇員變成創業者的經歷，那是從一個世界進入另一個世界的經歷。

我學到的第一課是：在賽車場上做的事要與日常生活中駕車時所做的相

反。比如說，如果在高速公路上行駛時看到前方有一輛事故車，多數人都會踩剎車；而賽車訓練班卻告訴我們此時要加大油門。

日常生活中，我們靠踩剎車停住車子；而在賽場上，要懂得何時利用剎車停車，何時利用油門停車。也就是說，有不同的技巧來達到不同的目的。踩剎車很容易，但在要剎車的過程中踩下油門卻很難，因為它違反人的本能，要做到這點，需要提高精神和思想控制力，這讓我變得更堅強。

出色的課程

在賽車學校的四天，我經歷了這輩子最陡峭的學習曲線，比起我在海軍航空隊的受訓有過之而無不及。很顯然，包伯・本杜蘭不僅是一名出色的車手，也是一名優秀的老師；很多時候我都在偷偷揣摩他的教學方法，因為我自己也兼任教職，他在課堂裡和賽道上的教學方式都讓人印象深刻。在四天時間中，他和其他教練教會我們克服恐懼、超越自己的精神和身體極限以達到更高程度的安全。一旦鑽進車裡，我似乎就將自己的身體置之度外了，我最在意的事變成了我的妻子金會不會超過我，每次她從我身邊呼嘯而過，我雖然毫髮無損，自尊心卻飽受挫折。

創業的過程

從普通駕駛者到賽車手的過程需要忘掉很多已經學會的東西，如果在賽車道上運用普通馬路上的開車規則，就可能會有性命之憂；很多日常駕駛中的明智之舉，比如不開快車，在賽車場上就成了愚蠢的行為。從雇員到創業者的過程也是一樣，這是兩個截然不同的世界，在這裡是對的，在那裡就是錯的。

我在前面講到窮爸爸從政府官員到創業者的過程就是為了說明這個道理：他在政府機關裡所做的正確的事，到了創業者的世界裡就成了錯的。

新的創業者必須從無到有創造一些東西，因此難免會犯錯。為了成功，創業的人必須以最快的速度完成以下步驟：

1. 開辦生意。
2. 失敗並學習。

3. 找到一位導師。
4. 失敗並學習。
5. 上一些課程。
6. 繼續失敗，繼續學習。
7. 在成功時停下腳步。
8. 慶祝一下。
9. 數數錢，計算一下損益。
10. 重複上述步驟。

分析麻痺症

據我估計，在有心創業的人中，大概有百分之九十的人連第一步也沒邁出過，他們可能有個計畫，在頭腦中搭建過一個完美企業的空中樓閣，但被一種叫「分析麻痺症」的惡疾感染了。我看到過很多這樣的人思來想去，不斷地重新設計自己的生意，卻從未開始做，有時他們為自己找到一些藉口，告訴自己時機不成熟或計畫不合適。他們不敢走上行動並失敗的道路，而是努力避免失敗，他們生活在一種「分析痲痺」的狀態中。

不開辦生意就成為創業者是不可能的，這就像學騎車卻沒有自行車、學開賽車卻沒有車一樣。我的富爸爸說過：「創辦企業的主要目的是開闢一塊實驗田。如果你沒有一輛自行車，又怎麼能練習騎車呢？如果沒有一個企業可以讓你練習管理，你怎麼可能成為企業家？」

不同的思想派別

賽車課程的重點不在於教人學會如何正確駕駛，而在於訓練學員在高速行駛的過程中應對突發狀況的能力；隨著在高速行駛過程中糾錯能力的提高，我們的信心也增加了。到第四天時，我已經可以做到在高速行駛中因操作失誤導致車子失控後，迅速地重新控制住它，把車開回賽道並繼續比賽。但如果我第一天就試著這樣做，可能早就被送進醫院了。

我重新提起賽車學校，是因為它反映了不同的思想流派，我的窮爸爸來自避免犯錯的派別，因此他是一名好雇員；我的富爸爸來自鼓勵犯錯的派別，因此他是一名優秀的創業者。

傻有傻富

「傻有傻富」是金・凱瑞的電影，他在螢幕上扮演的角色愈傻，他就變得愈富有。創業也是一樣，如果你想讓自己永遠顯得聰明體面知道正確答案，那就還是當一個雇員或個體戶好了。

我開始創業的時候，簡直就是頭號大蠢蛋，我的生意一有起色後迅速垮掉。很快地，在檀香山那個圈子裡，我的創業事跡就成了大家的笑料，要不是還能得到富爸爸的指導和鼓勵，我肯定早就烙跑了。我發現要在現實生活中扮演金・凱瑞飾演的那些角色是很痛苦的。

這麼多年過去，我犯的錯比以前更大，但已沒有那麼痛苦，原因是我已經對犯錯更加在行。我不再像過去那樣只顧一口氣往前跑，而是會停下來思考、學習、糾正、提高我的能力，之後再繼續上路。今天，我已經可以毫不謙虛地說，我比許多學習成績優秀又擁有高薪工作的同齡人都富有，這只是因為我願意在那麼多年裡充當傻子——這也是成功的代價之一。

 想成為企業家，得先有個企業，這是很簡單的道理，
卻有很多人只做著企業家的夢，一步都沒跨出去。

把壞運氣變成好運氣

我剛進高中時，富爸爸就教導他的兒子和我如何把壞運氣變成好運氣。第二學年時，邁克和我的成績都下滑得很快，因為寫作比較差，我們的英語都不及格。

富爸爸沒有著急，而是對我們說：「這個失敗應該把你們變得更棒，而不是更差，如果你們能夠把壞的經驗變成好的經驗，你們就會超過那些同學。」

「可我們成績單上都是F啊，」邁克反駁道，「我們得一直把這些分數帶到大學裡呢。」

「是的，這些分數你們是甩不掉的，但從中得到的益處卻會伴隨你們一輩子。如果能把壞事變成好事，那麼人生中的這一課可比分數重要得多。」

邁克和我都對我們的英語老師恨得咬牙切齒，富爸爸看著我們，笑嘻嘻地說：「瞧，你們的英語教師贏了，你們輸了，因為你們完全就是一副失敗者的樣子。」

「我們又能怎麼辦呢？」我問道。「權力在他手裡。他已經給我們打了不及格，而且全校都知道了。」

「他有權力給你們打不及格，」富爸爸笑說，「而你們也有權力選擇你們要做的事——你們可以繼續惱火，甚至做一些更愚蠢的事，比如去刺他的車胎，我猜你們一定想過；或者，你們也可以做一些好事，比如在學校裡、球隊裡，或是衝浪隊裡表現優異，把你們的怒氣變為成就，那時你們就贏了。如果你們帶著火氣去刺他的車胎，那會把事情弄得更糟。你們要是一味地隨心所欲，說不定還得到監獄裡去待一陣子。」

情緒的力量

那天，富爸爸告訴我們，人類有四種基本的情緒，它們是：喜、怒、懼、愛。

他還解釋，人類還有其他許多種情緒，但這四種是最主要的，其他的情緒其實是以上四種情緒的組合。比如說，悲傷通常是怒、懼、愛三種情緒的組合，有時甚至還有喜的成分。

富爸爸還說，對每種情緒都有兩種利用方式——好的和壞的。比如說，我感到歡喜，於是出去狂飲一番，這就是利用喜悅情緒的壞的方式；好的方式是：帶著我的喜悅之情向幫助過我的人寄去感謝卡。相同的道理，也可以應用在這四種基本的情緒，甚至愛。

直到今天，我還是不喜歡我的英語老師。但如果不是他給了我不及格，我可能不會發奮努力考上大學，也不會成為全球暢銷書作家。

換句話說，我在十五歲那年得到的F，還有九歲那年第一次生意失敗，加在一起創造出我這個百萬富翁。我不僅更瞭解自己，也瞭解如何把憤怒變成喜悅。我明白做一兩次傻子可能使自己變得更富有、更快樂。

不過，要把壞運變成好運，這還只是第一步。富爸爸說過：「如果你能把壞運變成好運，你就擁有了雙倍的運氣，在愛情、生活、健康和金錢上都會加倍地幸運。」

第三章

創業前的練習

Before you Quit Your Job

工作和勞動的區別

「你們知道工作和勞動的區別嗎？」富爸爸有一天突然問我。

我糊塗了，「不是一回事嗎？工作不就是勞動嗎？」

富爸爸搖著頭說：「如果你們想要在人生中獲得成功，就必須瞭解二者的區別。」

「這有什麼用嗎？」邁克和我聳了聳肩。

「當你爸爸談到找工作時，他通常會怎麼說呢？」富爸爸問。

我想了想，答道：「他會說好好上學讀書，然後找個好工作之類的。」

「那他有沒有說過『好好做家庭作業，將來找個好工作』這樣的話？」

「說過呀，」我答道，「他老是這麼說。」

「那麼，你們現在能看出工作和勞動的區別了嗎？」富爸爸又問。

「不能，」我答道，「聽起來都一樣。」

「喔，我明白你的意思了，」邁克說，「工作是別人花錢要你做事，但勞動不一定。比如說，做家庭作業就沒有收入，勞動是為了找工作做準備。」

富爸爸點點頭。「對了。這就是勞動和工作之間的區別。你會為一份工作得到報酬，但你的勞動並不總能得到報酬。」他看著我問：「你在家做事的時候拿錢嗎？你媽媽會因為做家務賺到錢嗎？」

「不能，」我答道，「在我家不行，他們連零用錢都不給我。」

「那你做家庭作業能賺錢嗎？」富爸爸問：「你父親會不會因為你讀了幾本書而給你錢？」

「不會。」我答道：「你的意思是說，我做家庭作業是為了找工作做準備，對嗎？」

「我就是這個意思。」富爸爸笑了，「你做的家庭作業愈多，將來的工作就能賺愈多。不做家庭作業的人是賺不了那麼多錢的，無論是雇員還是創業者。」

我想了好久，最後說道：「那就是說，我要是在上學時不做家庭作業，就真的找不到收高入的工作了？」

「是的，我必須得承認是這樣，」富爸爸說，「至少，那樣你就成不了醫生、會計或是律師。如果你是雇員，技能或學歷不夠都會使你難以升遷，或無法賺得高薪。」

「那麼，我們要是想當創業者，是不是得做些不同的家庭作業呢？」

富爸爸點頭說：「很多創業者都在家庭作業沒做好的情況下就辭職了，這就是為什麼很多小生意往往會倒閉或是苦苦支撐。」

「所以現在，你就是在讓我們為成為創業者而做家庭作業？」

「正是這樣，」富爸爸說，「這也是為什麼我不付你們工錢，為我勞動是無償的，這就是你們的家庭作業。我的雇員不會無償為我工作，他們每做一點事都會要求報酬。這就是為什麼他們無法成功，他們永遠帶著雇員的思維在做事，想要的只是穩定的薪水。」

勞動很多，但沒有工作

「在城裡的很多貧民區，有許多勞動可做，但工作卻很少。」富爸爸接著說。

我想了半晌，最後只是重複了一遍他的話。「有許多勞動可做……但工作卻很少？」我實在是糊塗了，需要好好想想。

「怎麼會呢？」邁克問。

「嗯，一個原因是，學校裡只訓練學生如何找工作，所以如果沒有工作的話，人們就無所事事，儘管可做的事其實非常多。當一家工廠關門或是轉移到海外時，總會扔下一群失業的雇員。」富爸爸接著解釋：「雇員們找不到工作，於是就什麼都不做。而創業者卻能看到很多的機會，他們知道，只要勞動了，工作就會隨之產生。」

「所以，那些雇員需要接受再培訓。他們得付出勞動，」我補充道，「這才是他們該做的事。」

「這是他們該做的事之一。」富爸爸說道：「我想說的是，太多的人把勞動和工作混為一談。太多的人希望免費得到工作培訓，即使是有工作的人，也總是期望雇主為他們提供培訓，同時付給他們薪資。」

「他們希望公司替他們付學費嗎？」我問。作為十幾歲的學生，這對我來說還是個新鮮的說法。

「很多人還希望政府提供免費培訓呢。」富爸爸補充道。

「所以你叫他們可憐人，」邁克說，「不是因為窮而可憐，而是說他們的態度可憐。他們等待著別人施捨教育和培訓，好掌握能用以工作的技能。」

富爸爸點頭稱是：「我見過許多雇員在上培訓課時偷偷看錶，下課時間一到，他們拔腿就走，哪怕老師還沒講完。我還見到很多人在參加公司培訓課時不好好聽講，不是溜出去在走廊裡抽菸閒聊，就是跑到酒吧喝酒看體育節目，又或是和女同事眉來眼去。這就是為什麼很多人無法獲得財務自由。太多的人什麼都不學，就算是拿著薪資白學也不學。這種人在雇員和創業者中多得是。」

我爸爸就任職於政府教育部門，因此我篤信免費教育。我追問：「你能再講講勞動和工作之間的關係嗎？」

醫生付出勞動沒拿錢

富爸爸說：「醫生在有收入之前要付出很多的勞動，他們要學習好多東西。這就是為什麼他們後來賺得比大多數人多。」

「因為他們在能賺錢之前勞動了。」邁克補充道。

職業運動員付出勞動沒拿錢

「就是這樣。」富爸爸說：「再來看看那些賺了大錢的體育明星吧。我還沒聽說哪個偉大的運動員會因為訓練而拿錢。多數職業運動員早早就開始練習，比其他人刻苦。為了成為職業運動員，他們得提前付出艱辛的勞動。」

「所以你不付我們錢，」我輕聲說，「我們在無償為你勞動。」

富爸爸笑了。「就連披頭四樂隊在成名之前也是免費勞動啊。就像醫生和職業運動員一樣，他們都在做必須做的事，付出必要的代價。在一開始付出努力時，他們並不要求唱片合約和穩定的收入。」

「我買了他們好多唱片，」邁克說，「是我幫他們變有錢。」

「是他們自己把自己變有錢。」富爸爸笑著說：「勞動不僅能使人富有，也使人健康。很多人都是因為不勞動而失去了健康。」

「因為他們不鍛鍊，」我說，「所以健康狀況很糟。」

「看到了嗎？經濟狀況很差的人，身體也好不到哪裡去。」富爸爸說：

「那些懶散的人通常不太有錢，身體也不好。」

「所以說，如果我們想要成為創業者的話，就得先付出勞動，做好家庭作業囉？」我總結道。

「這就是為什麼我讓你們為我無償勞動了，你們正在為成為創業者做家庭作業。如果我想把你們培養成雇員的話，只要按時付你們工錢就好了。」

「所以我當教師的爸爸一聽說我無償幫你做事，總是很生氣。」我說道。

富爸爸又笑了，他點著頭說：「你爸爸像雇員一樣思考，所以他認為我應該付你薪資。他不懂無償勞動的意義，不知道你們正在接受的是更寶貴的教育，也不知道這種教育的價值。雇員所需要的教育與創業者所需要的教育不同。」

「所以他總覺得你在騙我們。」我說道。

「我知道。」富爸爸笑道：「等著瞧吧，許多年後，你會因為我今天教你的知識而變得很富有。你從我這裡學到的比你可以拿到的薪資有價值多了。」

為什麼企業會陷入困境

辭職之前，你必須弄清楚要開辦一項生意需要完成多少種不同的工作。

富爸爸說：「一個在銷售或其他方面非常優秀的雇員，並不一定能成功。」他的意思是，要使企業順利運轉，銷售只是其中一環。如果你的生意陷入困境，那就是其中一項或是一項以上的工作沒有做好。他說：「一名創業者也許工作得很辛苦，但在某一段時間卻只能做好一件事。這就是為什麼許多創業者疲於奔命、力不從心的原因；他們很努力工作，卻仍然無法完成所有的任務。」

企業的基本功課

「富爸爸」系列的第三本書《富爸爸有錢有理》中，介紹了B-I三角。B與I代表現金流象限中的企業主和投資者。

以下就是富爸爸教我的B-I三角。

富爸爸告訴我：「如果你想要成為創業者或是投資者，就一定要把B-I三角完全弄懂。」當時，只有十幾歲的我還不能完全理解他為何把這個三角形看得那麼重要。而現在我理解了。

一種偉大的新產品

很多時候人們都會說，「我有個主意，這是一種偉大的新產品。」正如你們可以從B-I三角上看到的，產品只是冰山最上面的一小角。

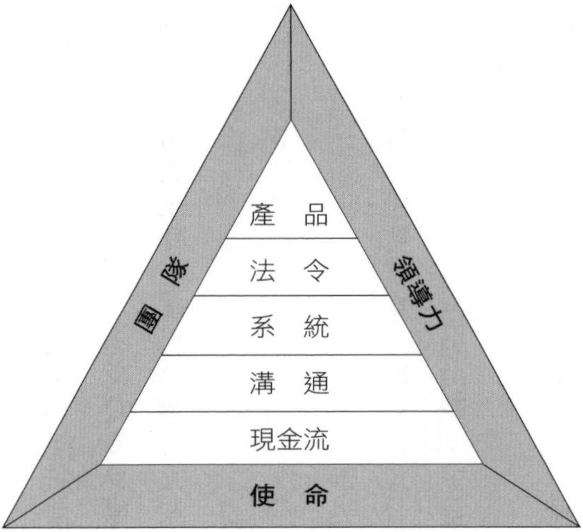

成功企業的工作描述

當你思考生意的各個方面時，不妨假設自己是在為不同崗位的人撰寫職位說明。做生意需要擁有不同技能的人承擔相應的責任，從生產層說起，你將看到把產品引入市場所必需的一系列工作，它們可以被簡單地歸為「生產」、「法律」、「溝通」、「現金流」四大類。如果這其中的一項或幾項工作出現了問題，你的企業就會陷入困境，甚至倒閉。

窮爸爸的霜淇淋生意沒有成功，原因並非出在產品上，事實上，他賣的霜淇淋棒極了。在我看來，原因在於他不是個好的銷售人員。他在發表演講時總能侃侃而談，但作為霜淇淋推銷員卻無法完成「溝通」的任務。

再多想一想，我們會發現：我的爸爸沒有體認到，行銷不止是做廣告和多推銷出一支霜淇淋那麼簡單。問題的根源在於：他一直以為靠著那個授權經營的牌子就高枕無憂了，於是只在一家偏遠的商場裡租下便宜的店面，以致沒人知道那兒有家霜淇淋店。他以為霜淇淋的牌子足以把顧客們吸引過來，因此，就像第一章裡說的，失敗的生意是在開張之前就開始了。

他差一點就成功

回想起來，有些事他做得很正確：他選擇了好產品、完成授權經營的法律手續、安裝製作霜淇淋的完善系統、現金管理工作也安排好了（授權方把會計工作也納入了管理範圍）。所以說，我的爸爸把上述五項工作裡面的四項都做得很好，他差一點就能成功了。

我爸爸沒做好的工作是B-I三角中的「溝通」，他沒弄懂銷售和行銷的複雜。東西賣不出去，生意就垮了。他沒有立刻換一個好地點減少損失，而是像許多人一樣，在銷售量下滑和資金周轉不靈時裁員；他還減少了廣告費用，不是花更多錢做行銷，而是一味降低開支。

他不是沒花錢。他把錢花在訴訟官司上，狀告授權方害了他。世界上沒有什麼比打官司更花錢的了，但很多人在發生錯誤時，不是總結教訓，而是一味責備別人，最後決定去打官司。他們不是審視自己的行為、承擔起責任，而是想找個代罪羔羊。我的爸爸總是堅持自己是正確的，結果卻一敗塗地。我記得有一首詩就是描寫那些永遠要證明自己正確的人：

躺在這兒的屍體是賈斯汀・格雷，
他死去是為證明他做得全對。
他做得全對，他理直氣壯，
但還是送命，和做錯一樣。

每次，當我看到有情侶在路口卿卿我我，以為每輛繁忙的車輛都該體諒他們、為他們讓路時，我就會想起這首詩。每次，當我遇到堅信自己一貫正確、習慣責備他人、喜歡爭論、覺得自己知道所有正確答案、以為自己是宇宙中心的人時，我就會想起這首詩。還有，每次當我自己變成賈斯汀·格雷時，我都會想起這首詩。

財務成功的三角

B-I三角不僅僅適用於現金流象限中的B與I象限。看一看下面這張圖，你就會發現在每個象限中都有一個三角形。

以雇員的象限為例：對於客服人員來說，她的產品就是「得體地應答電話」，這就是她的工作所產生的產品。在我看來，客服人員是一家公司裡最重要的崗位之一，如果她能把工作做好，公司的運轉

可能就會順暢很多。而如果客服人員的產品是不合格的，比如說語氣粗暴，那麼她的工作就大大貶值了，她該重新接受培訓或是離職。我敢保證，我們大家都碰到過粗魯的客服人員。

客服人員也擁有自己的合法權利，如果公司侵犯了這些權利，她可以採取行動。客服人員不僅在公司裡負責一個重要的崗位，可能在其他方面也扮演重要的角色。比如說，在自己的家庭中，她可能是領導者，如果家中事事順利，那麼她會把工作做得更好；如果家庭出了問題，比如說暖氣、水管壞了、屋頂漏了，或家裡有人出了事，多半也會影響到工作，使其工作品質降低。

客服人員扮演著一個商業系統對外「溝通節點」的角色，如果她的溝通技巧不行，整個商業系統都會受到損失，這時，一定要培訓或換人。如果她本身就喜愛與人交流，工作起來就會得心應手；如果她平時就沉默寡言，那多半不太適合做客服人員。

日常的現金流管理也非常重要。如果她花太多錢，不僅會影響到她家人的生活，也會影響到她自己的工作態度，夫妻間爭吵的第一大原因就是金錢，令人遺憾的是，離婚也多是由於家中的現金流問題造成的。

創業者的家庭作業

在辭職之前，創業者應該先做好自己的家庭作業，確保在自己打算進入的那個象限中，五項工作都已經準備妥當。

- 產品
- 法律
- 系統
- 溝通
- 現金流

即便只在其中一個方面出現問題，生意也可能會陷入危機，或是停滯不前。這就是為什麼第一章告訴大家：一個成功的生意是在生意起步前開始的。

一張簡單的清單

開辦企業面臨的問題比上述五項工作複雜得多。但是，這張簡單的清單多年來卻十分好用。我總是按著這個清單，檢查自己在這五方面做得如何。任何時候，只要生意出現問題，都可以從這個清單入手，看看是哪裡出了問題。

我想到了一種新產品

每次只要有人說「我想到了一種新產品」，都可以拿這個簡單的清單來對照，看看他們是否做好了把產品推向市場的準備。多數情況下，那些有心成為創業者的人最終放棄他們的主意，是因為懶得做功課。他們很快就會意識到為何「產品」只是B-I三角的一角。

他們為何會放棄

如此多的人選擇放棄，是因為他們開始意識到，他們的能力只夠完成五項任務中的某一項。比如，一個有創意的藝術家可能只會做產品設計；一個律師可能只對企業的法律問題有研究；一名工程師可能精通編寫程式，卻在其他方面一竅不通；一個行銷專業的畢業生所受的訓練可能局限在溝通方面；而一名會計可能只擅長處理現金流管理的工作。

當那些有心的創業者意識到上面五個任務都必須完成時，他們就會明白，在炙手可熱的新產品帶來滾滾財源之前，他們還有更多的家庭作業要做。

個體從業的職業人士

受過高等教育的職業人士成功機率通常更高，因為他們以前所受的教育訓練了他們不同方面的技能。舉個例子，讓我們藉由B-I三角來分析一下律師的業務吧。

1. **產品。**律師本身就是產品，你雇用他們，以便得到他們的服務。而這種服務只有接受了相關教育的人士才能提供。

2. **法律。**律師擁有執照。一般來說，律師事務所的人員都簽有協定，規定各自的權利、義務和相應收入。此外，多數律師都會藉由協定明確規範他們與客戶的關係。

3.系統。律師們接受過培訓，知道如何建立業務體系以提供法律服務並收取報酬，他們懂得如何合理利用律師的經驗技能。比方說，在進行一個案件的基礎研究時，他們會請經驗較少、收費較低的律師，然後再由資深律師接手完成複雜的分析工作。他們通常藉由軟體系統來開單收費。

4.溝通。律師們懂得：要想取得成功，就得擁有良好的聲譽和客戶關係。雖然現在有些律師事務所也開始打廣告，但大多數律師事務所還是藉由客戶的口碑樹立自己的名聲。當多數人都瞭解哪位律師有何專長之後，律師們也就節省了對外溝通的時間。

5.現金流。人們都知道律師的服務不是免費的，但這並不代表律師們在現金流管理方面可以高枕無憂。通常他們在提供服務之後的月底才開出發票，而人們總是喜歡拖欠律師費，發票開出之後要三、四個月才能收到款項是常事，而這段時間律師們必須按時得到薪資。

當然，這樣的分析還是太簡單，不過它確實能夠解釋為何律師、會計師、醫生、水電工、司機和兒童看護開業更容易一些，因為他們面對的是一個現成的、對他們的服務有需求並願意支付報酬的市場。

對於學校教師和社會工作者這類職業人士來說，想成為高收入的個體從業者就會困難一些。當然也有成功的例子，不過，總的來說，人們會認為向個體執業的律師購買服務是自然而然的，卻很少會雇用個體教師。

像我的窮爸爸這類受過高等教育的人士之所以很難成為創業者，是因為他們並未就B-I三角的各個層面的任務接受過訓練。救火隊員、護士、圖書管理員、秘書，這類人都在他們的主要職責方面訓練有素，卻缺乏開辦生意所需其他層次的訓練。這類人士辭職創業之前，一定要先做好功課。

你不需要成為第一個贏家

很多人以為愛迪生是第一個發明電燈泡的人，而這個第一幫助他建立了奇異電氣公司。事實卻非如此，有據可查，他其實是第二十三個發明電燈泡的人。那麼，歷史為何只記住了愛迪生？為何是他創辦了世界上最大的公司呢？答案仍然可以從B-I三角中去尋找。下面讓我們看看他一生的經歷，以及

從事律師、會計師等職業的人比較容易創業，是因為市場有需求，也願意支付報酬。

他是如何完成B-I三角中的五項任務。

1. 出生於一八四七年。
2. 十二到十五歲，在鐵路公司賣速食，同時印製自己的報紙。
3. 十五到二十二歲，在一家電報公司工作。
4. 一八六九年，二十二歲時，獲得第一項專利。
5. 一八七六年，在紐澤西建立自己的實驗室。
6. 一八七八年，發明留聲機。
7. 一八七九年，發明電燈泡。
8. 一八八二年，在紐約市建立了完整的電力系統。

溝通：集資

你會注意到，在十二到十五歲這段時間，愛迪生沒有上學，而是在從事銷售工作。他帶著糖果和自己印製的小報，爬上爬下一列列火車，向旅客推銷。這個階段，他從事的是溝通級別的工作。

一九七四年，當我離開海運公司時，我的富爸爸告訴我：「你必須找一個與銷售有關的工作，銷售是所有創業者的基本技能。」一九七四年，我進入全錄公司做銷售員。頭兩年對我來說簡直是受罪，因為我怕羞又不願在顧客那兒碰釘子。但是到了一九七七和一九七八年，我的業績爬升到公司前五名。

如今，我總是能遇到很多有想法的人，他們想出了絕妙的新產品或新服務，躍躍欲試地想成為創業者。而他們當中大多數人的問題都在於，他們不懂銷售，也就賺不到錢。這可能是很多潛在的創業者放棄自己夢想、安於現狀的首要原因。

現金流：發展你銷售的能力

如果你不能把自己的產品賣出去，也就成不了創業者；如果你不懂銷售，就賺不到錢。如果你對做銷售感到為難，就去一家百貨商場找個工作，從那裡開始吧。或者到一家像全錄這樣的公司找工作，他們會要求你四處上門推銷。當你鼓起勇氣之後，你可能會想要加入一家直銷公司，在那兒接受更多的訓練。

創業者通常是藉由以下方式得到錢的：

1. 親友。
2. 銀行或創業支援機構。
3. 顧客。
4. 供應商。
5. 投資者。
6. 證券市場。

我從關於愛迪生的書中讀到，正是愛迪生的銷售才華保證了他的各種專案能不斷吸引到投資者。他走在時代前端，在那個年代就懂得自我推銷並充分發揮。這種自我推銷能力也是很多人把他當成電燈泡第一發明者的原因之一，雖然他是第二十三個。

一般來說，投資創立生意的人擁有公司的大部分股權。創業者應該懂得如何銷售，並不斷地學習。對我來說，學習銷售就像學開賽車一樣，需要克服的只是我自己的恐懼。

每當看到那些想成為創業者、卻又因為需要先學銷售而恐懼的人，我就為他們感到悲哀。

法律：保護你的資產

一八六九年，愛迪生在他二十二歲時就擁有了第一項專利。他藉由申請專利的方式保護自己的資產。在本書的後面，我會繼續解釋法律保護對每名創業者的重要性。

系統：控制銷售網路

在電報公司的工作使愛迪生瞭解了系統的威力。這也是為什麼他在研製電燈泡的同時，也在設計能夠讓他的電燈泡亮起來的電力系統。如果他從未在電報公司上過班，他恐怕還無法意識到系統的重要性。

系統也被稱為網路。這也就是為什麼世界上最富有的人控制的都是網路，比如電視網、電台網、運油網、行銷網、零售網等等。

小業主和大企業家之間的一大區別就在於他們對於系統（或稱網路）的重要性的認識。只要看一看富爸爸公司，你就會發現我們的成功在很大程度上來自於網路體系。比如說，我們的出版社藉由他們的書籍分銷網路出售我們的圖書，我們的教育節目藉由電視網傳遍全世界，我們的廣播節目藉由聲波傳達到各廣播網路上。

創業成功的要素雖然簡單，卻不可輕忽

或許你會覺得，用B-I三角的五項任務來概括創業成功的因素未免有些簡單。不過，在此我們要再次強調：只要這五項任務中有一項出問題，企業肯定也會跟著出問題，甚至還可能倒閉。生意的成功或失敗都起於生意正式開張之前。這也是為什麼做好家庭作業十分必要，就算這些勞動是沒有收入的。

我們會在這本書中繼續講解B-I三角。在你辭職之前，仔細地考慮一下自己在B-I三角各項任務上的能力是至關重要的。我們並不是說你必須在每個方面都成為行家，只是想提醒你，上述五項工作對創辦企業來說缺一不可。因此，在辭職前花一點時間好好研究一下吧。

第四章

創業者只需要一種專長

Before you

Quit

Your Job

現實生活中的好成績

「如果我在學校表現好，是不是也能在現實生活中做得好呢？」我這樣問富爸爸。

「這就要看你說的『現實生活』是指什麼了。」

我的窮爸爸關掉他的霜淇淋店之後，B-I三角對我的重要性才顯現出來。我爸爸在五十歲的年紀就輸掉了他的退休金和終生積蓄。他沒能像很多創業者那樣東山再起，而是從此一蹶不振。

他沒有重新開始做生意，而是當上了教師聯合會的頭頭，跑到他的前上司夏威夷州長那兒去為教師們爭取待遇。他沒有總結經商失敗的教訓，使自己成為更好的創業者，而是再一次變成了雇員，並為雇員們的權利奮鬥。

他沒能東山再起的一個原因是他用光了錢。他沒去學習如何為自己的下一樁生意籌資，而是又跑出去找工作了。事實上，他又回到了原來的老路上，做著他熟悉的事，也就是為賺錢而工作，而不是學些新東西，比如融資之類。他馬上回到了雇員的世界裡，只有在那裡，他才能如魚得水。

我的教育在繼續

當我意識到是「溝通」環節造成了我父親的失敗後，就應徵了ＩＢＭ和全錄公司的銷售職位，實際上我想要的不是那兒的薪水，而是他們所能給予的銷售培訓。富爸爸曾經告訴過我，如果我想成為一名創業者，最好在「溝通」這門學問上做好功課，而這也是B-I三角的一層。

兩次面試之後，我感覺ＩＢＭ絕非適合我的公司，他們一定也感覺到我絕非適合他們的員工。而在全錄公司，我順利通過五輪面試，成為最後入圍的十名候選人之一。最後一次面試是與全錄檀香山分公司的經理面談。那天，十人中的六人坐在經理辦公室外，另外四名候選人已經被面試過了。

那時我還在海運公司工作，面試那天穿著軍服就去了。我坐在經理室外，偷偷地觀察我的對手們。他們所有人都比我年輕，像是剛從學校畢業，個個都很時尚、有精神，穿戴得如同公司老闆。

那段時間，很多人都在反越戰，這也就意味著穿軍服的人非常不受歡迎。每次我離開軍事基地進城的經歷都很不愉快，好幾次有人對我吐口水

——雖然一次都沒吐中。所以，面試那天，當我坐在一群身穿套裝的俊男靚女中間，穿著我的卡其布短袖襯衫、綠褲子，頭剃得光光的，真是感覺不合時宜。

終於，秘書叫到了我的名字，輪到我被大老闆接見了。我走進辦公室，在他面前的椅子上坐下。他從桌子那頭探過身來和我握了握手，一點兒時間也不浪費地開始了例行公事的開場白：「我看過了你的資料，其他面試你的同事都強烈推薦你，他們相信你將成為我們銷售團隊的寶貴人才。」

聽完這些，我靜靜地深呼吸了一下，等著接下來的好消息或壞消息。儘管他說的都是些好話，我卻發現他不願多看我一眼，他的目光總是停留在手裡的文件夾上。

最後他抬起眼來看著我，說道：「我很不想告訴你這個結果，但是我不得不拒絕你。」他站起身來，向我伸出手說：「感謝你的應徵。」

我也不由自主地站起來和他握手，渾身的血液沸騰了。我想知道為什麼。為什麼我會被拒？我想，反正也沒有什麼可損失的，於是問道：「先生，您可不可以告訴我拒絕我的理由？您甚至沒有禮貌性地面試我一下。您能否給我一個理由，為什麼要把我從候選人中剔掉呢？」

「現在還不是時候，」經理說，「目前我們有十位出色的面試者，卻只有四個職位。我希望我們有更多的職位，但是沒有。為何不等一年再申請呢？可能那時你的運氣會好一些。現在，如果你允許的話，我想繼續面試下一個人了。」

我直視著他，說道：「只要您給我一個理由。您都沒有面試我，怎麼能看出我們之中誰比誰強呢？還有，我覺得這樣對待我有些無禮。您們叫我大老遠跑來，卻連一個禮貌性的面試都不給我。那麼，就請您告訴我，您怎麼能不面試就做出這個決定的吧。這就是我想知道的全部。」

「好吧，如果你一定想知道的話——你是唯一一個沒有ＭＢＡ學位的應聘者。你只有大學學位。」經理邊說邊走向門旁，示意請我出去。

「等一等，」我說道，「從美國商船學院畢業後，我在海軍幹了五年，打了一場沒人想打的戰爭。我不是被迫去打仗的，我本來只負責運油，那時我為標準石油公司工作，可以免服兵役，不過我還是自願上了前線。如今您告訴我，您不會雇用我就因為我那時沒回學校去再讀一個學位？那是因為我有其他事要做，有場戰爭要打。而您卻告訴我您更願意雇用這些在學校裡躲避服役的傢伙？」

「這不是我們該在這兒談論的。我們沒必要談什麼戰爭和政治傾向。」經理說，他那時的年齡和現在的我差不多。「沒錯，我就是要雇用回去上學的人。求職市場現在很慘澹，我們有很多優秀的申請者，所以我們有條件挑剔。現在，我們只雇用ＭＢＡ，我們就是這麼決定的。回去吧，去讀個ＭＢＡ，然後我們說不定可以談談。」

「那為什麼不早告訴我？」我問道：「為什麼讓我面試來面試去，到現在才告訴我結果？」

「如果有特殊優秀的人才，我們也可以破例，」經理說，「雖然你沒有碩士學位，但以前的面試者認為你可能具備其他一些我們需要的素質。不過，那些面試者認為你雖然不錯，但還算不上特殊。」

在那一刻，我決定表現出自己的特殊，至少要讓在場的人感到難忘。經理一手扶著打開的門，另一隻手虛弱地伸出來想和我握握，臉上帶著虛弱的笑。我不理睬他伸出的手，而是提高嗓門問道：「跟我說說吧，學位和銷售有何關係？」聽到這話，所有的ＭＢＡ申請者們都轉過頭，向敞開的門裡張望。

「它說明了人的素質，說明了他們的努力和聰明。」

「那麼，學位和銷售有什麼關係？」我重複我的問題。

「好吧，」經理說，「你憑什麼覺得自己能賣出東西，海軍先生？你憑什麼覺得你比這些受過更好教育的申請者更適合做銷售員？」

「因為我花了五年時間接受另一種教育，一種在學校裡得不到的教育。當這些小傢伙們死記硬背應付考試的時候，我正駕著直升機飛行在槍林彈雨裡穿梭。我受的教育是關於領導力，關於如何帶領我的隊伍——就算我們都心存恐懼。我不僅在教室裡接受了應對壓力的訓練，而且在真槍實彈的戰場上學會了在壓力下思考。最重要的是，我學會了在考慮自己之前先考慮任務。而這些年輕人呢？高一分兩分就是他們最大的理想了吧。」

讓我意外的是，經理在靜靜地聽。我引起了他的注意。於是我決定再說幾句就走。

「雖然我沒拿到ＭＢＡ，但是我知道我有勇氣、有在壓力下思考的能力。因為我已經受了考驗，不是在教室裡，而是在戰場上。我知道您的任務是打敗ＩＢＭ，就好像我的任務是打敗對手——不過他們可比ＩＢＭ的銷售員兇狠得多、頑強得多。在過去的五年裡，我接受的訓練讓我能在戰爭中所向披靡，這就是為什麼我認為我有能力打敗ＩＢＭ。如果您覺得ＭＢＡ訓練好了這些年輕人去打敗ＩＢＭ，您就用他們吧。儘管我很懷疑。不過我對自己毫不懷疑。如果我能在戰爭中取勝，我知道我也能打敗ＩＢＭ的銷售員——哪怕我沒有ＭＢＡ學位。」

整個辦公區靜極了。我望著那一排膝蓋上整齊地擺著公事包的大有希望的候選人，幾乎可以看到他們在發抖。我說的每一個字他們都聽到了。

我轉向經理，握了握他的手，感謝他的傾聽。該說的都說完了，我微笑著道：「我想我要去為您的競爭對手工作了。」

「等一下，」經理輕聲說，「請回我辦公室來，我想我有權在我們的招聘規定上開特例。」

沒有什麼可以失去

得到這份工作之後，我去了富爸爸的辦公室，告訴他這個消息。我還告訴他我在聽說自己沒被錄用之後說了些什麼。他笑著說：「當我們沒有東西可以失去的時候，我們贏的最多。」然後又接著說道：「不過，多數人不想讓自己陷入這種境地，他們寧願有所保留，而不是置之死地而後生。」

悲慘的四年

學習銷售對我來說比學習飛行還難。事實上，有好多日子我寧願回到戰場，飛行在槍林彈雨裡，而不是走在檀香山的街道上挨家挨戶地敲門。我是一個極為害羞的人，即使到現在，出席晚宴和社交活動對我來說還是一種痛苦。那時，每天去敲陌生人的門讓我覺得像在受刑。

連續兩年，我都是全錄公司裡最差的銷售員。每次在走廊上遇到那位面試我的分公司經理，我都特別尷尬，我會想起最終讓我得到這份工作的那篇越南英雄的演講。每次的半年總結會上，這位經理都會提醒我：他雇用我是出於信任，而這份信任正在日漸縮水。

最後，到了我快要丟掉工作的時候，我給富爸爸打了電話，想要見他一面。吃午飯時，我向他宣布我失敗了。我的銷售很差，我的收入很少，我在銷售員排行榜上總是墊底。「你覺得我的問題出在哪兒呢？」

你失敗得還不夠快

富爸爸像平常那樣笑著。他總是用這種笑來暗示我很優秀，只是在學習的過程當中不順利。「你每天要做多少次陌生拜訪？」他問。

「情況好的話，三到四個吧。」我答道：「多數時間我都在辦公室裡忙著，或是躲在哪家咖啡館裡，好鼓起點勇氣再去敲下一家的門。我恨陌生拜訪，我恨被拒絕。」

「我還不認識什麼喜歡被拒絕或是喜歡做陌生拜訪的人，」富爸爸說，「但我知道有人克服了對此的恐懼，他們因此變成了非常成功的人士。」

「那我怎麼才能不繼續失敗下去呢？」我問道。

富爸爸又笑了，說道：「不繼續失敗下去的辦法就是更快地失敗。」

「更快地失敗？」我嘟囔著：「你是在拿我開玩笑吧？為什麼要更快地失敗？」

「就算你不更快地失敗，你也終究要失敗。」富爸爸笑道：「瞧，你現在正走在學習的半路上。這個過程要求你犯很多的錯誤，並且從錯誤中學習。你犯錯誤的速度愈快，走完這一過程進入另一個階段的速度也就愈快。你也可以當逃兵，但這樣你就被淘汰了。」

富爸爸所說的話和愛迪生說的「失敗一千次才能發明電燈」的話類似。後來我在賽車學校聽到的教導也和這很像。他們都是在說，如果我想更快地通過一個學習過程，就應該願意更快地失敗。

想要快速失敗也失敗

接下來的幾個星期，我把富爸爸的建議牢記在心，盡量多做陌生拜訪。我以極快的速度一家接一家地敲門。可問題在於，我還是見不到我要見的人。秘書們都很有經驗，不讓我這種討厭的推銷員打擾到他們的老闆。

我沒能很快地失敗，於是又打電話給富爸爸。我沮喪地發現，自己甚至連想要失敗這個想法都失敗了。他又笑著答道：「那麼，白天繼續工作，再找一個晚上的活兒吧，也是做銷售，但應該是一個能讓你更快失敗的活兒。」

我當然又開始發牢騷和抱怨，我可不想晚上工作。我還是單身，而這裡是夏威夷。晚上我想待在威基基夜總會，不想出門推銷。聽了我的抱怨之後，富爸爸只是簡單地問：「你想當創業者的渴望有多強？創業者的第一大技能就是銷售技能。如果你過不了這一關，就老老實實地幫人打工吧。這就是你的生活、你的未來、你的選擇。你可以選擇是現在失敗，還是以後失敗。」

這是一節我熟悉的課，我以前聽過它。但主題變了——這次的主題是銷售——而課還是一樣的課。它的核心內容是：如果我想要成功，就得接受失敗。

這時，我腦海中真切地浮現出我的親爸爸生意失敗的畫面。我知道關於銷售的課程至關重要。我知道如果自己想成為B象限的創業者，就必須學會銷售。然而，我恨透了陌生拜訪，它讓我日夜恐懼。有一天，在聽到四次「我們不感興趣」和一次「你再不出去我就叫警察」的答覆之後，我沮喪到了極點。我沒回辦公室，而是直接回了家。我坐在自己的小公寓裡，開始算計著如何撤退。我甚至想到了回學校去讀一個法律學位。但當我躺下來，吃了幾片阿斯匹林後，這些念頭很快就消失了。現在，是時候換一種新的方式來迅速失敗了。

無償勞動

我沒有出去找工作，而是接受了富爸爸的建議。我發現，如果你願意無償勞動的話，那麼找些事做是很容易的。我找到了一家慈善機構，他們正缺人替他們在晚上打電話募捐。於是每天從全錄下班之後，我就跑到另一個城區，從七點到九點半不停地打電話募捐，盡快地從中品嘗碰釘子的滋味。這樣，本來一天只能打三到七通銷售電話，我有時候在晚上兩個半小時之內打了超過二十通銷售電話。我的受挫率和失敗率提高了，但奇怪的是，隨著失敗率的提高，我募來的錢也愈來愈多了。打的電話愈多，我應對拒絕的能力也就愈強。我知道了打電話時哪些辦法行得通，並開始根據這些拒絕和成功的教訓改變我的策略。晚上我在慈善機構的工作失敗得愈快，白天我在全錄公司的工作就愈順利。很快我就爬到了銷售員排行榜的前列。雖然我在晚間的勞動並沒有任何收入，但白天的收入卻增加了。

這份兼職甚至於改變了我的娛樂生活。我在慈善募捐電話裡遭到的拒絕愈多，在威基基夜總會玩的時候也就愈開心。我突然敢於和夜總會裡的美女搭訕了，也不再那麼害怕碰釘子了。我變成了一個很酷、很受歡迎的人，甚至吸引了不少女孩子。對於在清一色全是男性的軍校裡度過了四年、又在軍隊待了好幾年的我來說，這種身邊美女如雲的感覺真是不錯，這比孤單地坐在吧台盡頭的角落裡遠遠地望著美女強多了。

從晚上十點到夜裡一點，我是個瘋狂舞者，就像約翰•屈伏塔在電影《周末狂熱》裡扮演的角色一樣。我甚至買了一套白套裝、高領襯衫和迪斯可靴。每晚我都去迪斯可舞廳，伴著比吉斯樂團的樂曲狂舞。那段時間我過得很糟糕，我已意識到自己看起來一定十分可笑，但我挺住了。我正在快速地失敗，做我的家庭作業，為B-I三角中的溝通任務做準備。

失敗帶來了回報

等到我進入全錄公司三、四年後，我已經在銷售榜上高居榜首，錢也賺了不少。失敗帶來了回報，我的銷售業績始終保持著第一。在我成為第一之後，我知道是從頭開始的時候了。我的銷售學習該結業了，我該去學些新的東西。但那時我還不知道，銷售上的成功正悄然孕育著我一生中最大的一次生意失敗。

四個商學院

富爸爸告訴他的兒子和我，世界上有四種類型的商學院，它們是：

1. 傳統商學院。這些商學院設立在學院或大學中，設置了學位，如MBA。
2. 家庭商學院。很多家族生意，比如我的富爸爸的生意，就是一個接受經商教育的好場所——如果你是這個家庭的成員的話。
3. 企業商學院。很多公司為有前途的年輕學生提供實習機會。畢業後，公司會雇用這些學生，並指導他們的職業發展。在很多情況下，公司會為他們的繼續教育提供學費和時間。在接受正規教育之後，有前途的雇員經常得到在各個部門輪調的機會，這樣他們就可以瞭解企業的各部門運作、積累第一手經驗。
4. 街頭商學院。這就是創業者們在離開穩定的學校、家庭和工作崗位之後學習的地方，這裡開發的是你的實踐智慧。

入學

這四類學校各有所長，也各有所短。我在這裡並不想評論孰優孰劣。在我這一生中，我有幸在這四類學校中都學習過——儘管方式有所不同。

傳統商學院

在全錄工作時，我上了當地一所大學的夜校，想拿到一個MBA學位。我堅持了不到一年就放棄了，因為我覺得這不適合我。教師們不是學校的雇員，就是公司的雇員。而大多數學生的目標也只是想要成為受過良好教育的、高收入的雇員，就和這些老師們一樣。他們想要找到一個公司，然後慢慢往梯子上爬，而我卻想搭起我自己的梯子。這種文化不適合我，所以我退學了。

家庭商學院

我和邁克的友誼使我得以進入他們的家庭商學院，在富爸爸的生意裡學習。對我來說，這是一個很棒的學校，因為我在裡面學習了很多年，而富爸爸不僅是一位貨真價實的成功企業家，還是一名出色的老師。

企業商學院

在全錄公司工作期間，我接受了公司提供的世界上最好的銷售培訓。一九七四年，我剛上班沒多久，公司就花錢讓我坐頭等艙飛往維吉尼亞州的里茲堡，去公司的銷售培訓中心參加為期兩周的訓練。訓練棒極了。在教室裡學習過之後，我們立刻被派到大街上，運用剛剛學到的技能。我的銷售經理們是出色的教練和導師，他們堅持讓我們把所學運用到實踐中，以應對各種困難。我們學得很刻苦，不僅研習銷售技巧，也分析競爭對手的產品和策略。那時我們只有一個目標，就是打敗ＩＢＭ。他們是厲害的對手，也是值得尊敬的對手，所以我們明白前面的路充滿了荊棘。

街頭商學院

街頭商學院是我上過的最有挑戰性的一個。我一離開全錄，就真正地走上了街頭。那真是一間可怕的學校，老師很厲害，打分很嚴格。很多次我都經歷了極度的恐慌和最嚴重的自我懷疑。不過，這也是我上過的最好的商學院，它正是我所需要的，它給我的成績不是A或B，而是真正財富。

畢業日

一九七八年，我從全錄的企業商學院畢業，進入了街頭商學院。對我來說，這在情感上是一次重大的轉折。我從一個坐頭等艙旅行、擁有高級辦公室和穩定收入、事事由公司報銷的世界進入了一個完全自掏腰包的世界。我得付錢買釘書針、花錢出差，還要支付別人的薪資和獎金。在離開企業商學院之前，我對於自己開辦企業是多麼花錢毫無概念。之後連續兩年，為了降低支出，我和我的兩名合夥人都分文未取。我又一次開始無償勞動，並且懂得了富爸爸堅持讓我們無償為他勞動的原因。他在讓我們做好進入創業者世界的準備——一個大家先拿錢、你最後拿錢的世界——如果你還能拿到錢的話。

成功能揭示出你的失敗

富爸爸的另一堂課是：「成功能揭示出你的失敗。」換句話說就是，你的優點能夠揭示出你的弱點。然而，在我自己的生意成功之前，我並不懂得這句話的含義。

我們的尼龍魔鬼氈錢包在五項任務中的兩項──溝通和產品上都成功了，我們三名合夥人在這兩個方面都很有經驗，問題在於我們對其他三個方面都不擅長，而成功又來得太大、太快，就像一條澆花的塑膠水管變成了消防水龍頭。我們國際性的成功給系統造成了重大壓力，生意也受到重創。我們的優點一爆炸，就把缺點也炸了出來；優點揭示出了弱點，成功揭示出了失敗。我們沒能好好強化B-I三角的法律、系統和現金流這三個方面。儘管我們做了一些工作，卻沒能在成功來臨時予以加強。

回到白紙一張

在我們的生意垮臺之後，我的兩名合夥人離開了。我也想過撤退，但富爸爸對我說：「重建你的企業吧，這就是你需要上的商學院。」

在接下來的六年裡，我很多次重新回到白紙一張。每多失敗一次，失敗給我帶來的痛苦就小一些，而我恢復得也就更快。每次我一失敗，就知道下一步該做什麼了，也知道下面該學些什麼。街頭商學院在教導著我。每一次失敗都使我變得更聰明、更自信，也使我不再對失敗感到恐懼，而是對下面能學到的東西充滿興奮。每次失敗都是一個挑戰，都是通向新世界的一扇門。如果我被失敗打倒，那麼這扇門會彈回來撞得我鼻青臉腫，這也就意味著我需要更聰明、更努力地思考，想出更多的辦法來打開下一扇門。在很多時候，這就如同我在街頭做推銷一樣，不停地敲開一扇接一扇的門。

當有人問起我是怎麼熬過那些沒有收入的年月時，我的回答是：「我也不知道。我每天只想應付當天的事。」在我的兩名合夥人離我而去之後，我幾乎陷入了絕境。這時兩名新的合夥人出現了，其中之一就是我的兄弟喬恩。他們注入了一些新的資金，更重要的是，他們注入了活力和新的技能。其中一個新合夥人戴維帶來了在系統建立方面的經驗，他對生產也很在行。而我的兄弟喬恩加入進來，負責現金流管理，他總是夠讓我們的債主滿意，讓供應商繼續供貨。我們還請來了一名新顧問，一家會計公司的退休資深審計師，幫助我們爬出深淵。他樂意義務幫忙，因為他妻子不願意他待在家裡，我相信他還覺得我們的奮鬥很有趣呢。當我愁眉苦臉的時候，他常常在一邊看得笑起來。不過，他不光義務幫忙，幫我們擺脫了困境，還教導我們如何以更專業的方式籌集資金。

我說過：「我們每天只應付當天的困難，就是這樣撐下來的。」我的全部想法就是：我不能像我的窮爸爸那樣，生意失敗一次就掉頭回去找工作。「我已經走出去很遠了，不想再走回頭路。」

富爸爸是正確的。這十年的經歷是我能上的最好的商學院。從一九七四年加入全錄公司開始，到一九八四年終於建立起一家成功的企業，我經歷了十年的努力、失敗、改正、重新努力、再次失敗……對我來說，這是學習創業的最佳途徑。很多次，我都感覺我們在造一輛賽車，而不是辦一個企業。我們的團隊會造好車子，把它推到賽道上，為它加滿油並發動引擎，然後就回到廠房裡繼續工作。

由多系統組成的系統

很多時候，建立企業和造車很相像。一輛車就是由各種系統組成的系統，它擁有電子系統、燃料系統、剎車系統、液壓系統等等。如果其中一項系統出了問題，車子可能就會拋錨或不安全。

人類的身體也是一個由多系統組成的系統。我們有循環系統、呼吸系統、消化系統、骨骼系統等。如果其中一個系統拋錨，身體也可能會崩壞。

在很多方面，學做創業者就像學做汽車機械師或醫生一樣。醫生研究X光片和驗血結果來判斷人體的健康狀況，而創業者研究B-I三角來判斷企業的健康狀況。

藉由建立和重建尼龍錢包生意及其他企業，商業分析對我來說變得愈來愈容易了。今天，我不再將其視為畏途，而是滿懷興奮。我從中看到的不是巨大的風險，而是巨大的機會。今天我知道如果我失去一切，我還可以重新建立起來。這就是為什麼進入所有類型的商學院學習，同時獲得學校裡的智慧和實踐中的智慧，才是良好的教育。

什麼更重要？

經常有人問我：「作為創業者，學校裡的智慧和實踐中的智慧哪個更重要？」我的回答是：「它們都重要。創業者和他的團隊應該二者兼備。只要研究一下B-I三角就能看出原因了。實踐智慧對五項任務都必不可少，而要做好法律和現金流兩項，正規學校的專業訓練也是必須的。顯然，要做好法律層面的事情，你需要一位律師；要做好現金流管理，你需要一名會計師，最好是一位註冊公共會計師。你可能不知道，有多少人跑到我這裡來討教創業問題，而他們的團隊中卻連一名會計師或律師都沒有。」

團隊智慧

一名創業者需要懂得學校智慧和實踐智慧的區別。更重要的是，創業者應該具備團隊智慧，也就是彙集最合適的人才來完成手中任務的能力。要想在商場上取勝，最終還是得依靠團隊智慧。

在柯林斯（Jim Collins）的暢銷書《從A到$^{+}$A》（Good to Great）中，他談

到企業家應該保證車上坐著合適的人，並且每個人都坐在合適的座位上。確保擁有一個能夠完成B-I三角中各項任務的團隊是很關鍵的。更重要的是，柯林斯談到了讓不合適的人下車的必要性。

三大錯誤

談到專業的法律和會計人士，我注意到了創業者們經常犯的三個基本錯誤：

1. 很多創業者在創辦自己的企業前並未尋找合適的法律和會計人士為自己服務，也未徵詢他們的意見。
2. 創業者過於聽信他們的會計或律師的話。很多時候我會問一名創業者是誰在管理公司，是創業者？會計？還是律師？永遠要記住，就算他們在某些方面比你聰明，他們也只是受雇於你而已。需要為企業的發展做出決定的是你自己。
3. 創業者有時請了會計師或律師，但這些人並非創業團隊的成員。這並不是說你一定得要求他們全職，只是表示你必須信任他們。他們需要瞭解每件事，也希望瞭解每件事，你們要共用許多私密；富爸爸曾說：「兼職的會計或律師就像兼職的老公或老婆一樣。」

學校智慧V.S.街頭智慧

A型思考者	C型思考者
分析能力強／批評型思考者	創新思考者／靈活的思維
T型思考者	P型思考者
技術能力／專家	人際關係處理／人事領導能力

上面的兩類主要與學校裡的智慧相關，下面的兩類主要與街頭的實踐智慧相關。我的富爸爸說：「如果你想成長為一名創業者，就應該在上述四個

方面全面拓展自己的能力。」

我會在後面繼續論述這些特徵。藉由舉例，你們會更加清楚它們的含義。現在，我先簡單地解釋一下每個象限。

A型思考者——此類人具備出眾的分析能力。在學校裡，他們以解數學難題為樂趣。如果你對他們提出一些新想法，他們多半會從批評和懷疑的角度來思考，而不輕易接受。他們一般不會很快做決策，而是先要進行長時間的分析。在做出決定之前，他們要反覆徵求意見和瞭解更多細節。

C型思考者——此類人在工作中是創造型的藝術家。這並不是說他們都是拿畫筆的那種藝術家，而是指他們非常有創意，他們的職業也可以是會計或律師。這些人喜歡看到大的遠景，也習慣跳出慣常的圈子來思考，C型思考者常常讓A型思考者受不了。靈活的思維是指他們感知事物的意義時比較靈活，比如，如果我說「市場不景氣時我能賺到更多的錢」，C型思考者可能比A型思考者更容易理解我的意思。C型思考者往往能夠理解和接受一些看似不合邏輯的想法，而A型思考者卻對於違反他們思維方式的想法統統拒絕。

T型思考者——此類人是技術天才。他們可能是電腦神童，會說某種火星人才懂的語言，或是會修理所有的機器零件。T型思考者通常與P型思考者截然不同。T型思考者好像最喜歡與同行打交道。電腦天才們樂於參加電腦大會，以期結識其他的電腦天才；機械專家常去汽車配件店，為了遇到他們的知音。

P型思考者——在高中裡，典型的P型思考者總是擔任社團負責人。他們人緣很好，常常在各種選舉中獲勝。這些人可以和各種不同類型的人交談，甚至包括和T型思考者。在晚會上，P型思考者總是明星。每個人都愛邀請他們到自己的晚會上來，因為他們能讓大家開心。在公司裡，員工們喜歡這樣的人，他們會樂於幫助一位P型思考者。在生意場上，P型思考者如果擁有足夠的商業技能，就不難成為出色的、有威信的領導。

不同的思考者，不同的創業者

你可能已經猜到了，每一種不同類型的思考者都會對不同類型的創業形式感興趣。比方說，一位T型的機械天才可能願意開一間汽車配件商店；

一位A型的律師可能願意開辦律師事務所；一名C型的醫生可能想開整型醫院；而一名P型思考者可能會變成職業政治家、部長或從事娛樂行業——因為他們總是能夠引人注目。

四類思考者都很重要

富爸爸告訴我：「這四類思考者對於企業來說都很重要。有些小企業規模無法成長，或是倒閉，原因就在於它們缺少其中某一類思考者。」我的尼龍魔鬼氈錢包生意失敗的一個原因也在於：我們在C和P的領域太強，而在A和T的領域太弱。

很多個體開業的創業者在A或T的領域內都是頂尖，他們可能是擅長A型思考的律師，或是擅長T型思考的電氣技師。這些人都非常聰明，是某些領域的行家裡手，同時勇於個人奮鬥。然而，他們想要生意成長起來卻非易事，因為他們在C和P的思維領域存在缺陷。

在投資方面，A型或T型思考者也與C型或P型思考者的投資理念不同。A型或T型人士喜歡有一個準確的公式可供遵循，他們想要看到，並不斷地分析；C型或P型投資者則比較看重有意思的買賣及瞭解生意夥伴的情況。生意夥伴是投資過程中的關鍵人物，他們對P型思考者來說很重要。

在我開設的投資課程上，經常會有人問：「告訴我怎麼做。我該照什麼方法去做？」聽到這樣的問題時，我就知道他們大概屬於A型或T型思考者。我會答覆他們：「我們就只是創造了投資。我們找一群人，然後把交易建立起來，然後得到了很多錢而已。」這樣的回答常常令他們抓狂。他們不滿的原因是我的投資方式不符合他們的邏輯。對於A型或T型思考者來說，給他們一個公式會簡單得多，例如：積極儲蓄、還清債務、長期投資、分散風險。這能夠滿足他們對於邏輯性的投資公式的需求，儘管這並不是一個十分棒的公式。而看到我本人的公式，他們會不知所措，因為他們不善於靈活地思考。

富爸爸的建議

富爸爸曾經很擔心我是否能夠成為一名創業者，因為我在四個領域都不是很強。出色的A型、T型、P型或C型思考者我哪一個都算不上。他說：

創業者不可能各方面都很強，甚至每樣都不太行，
加強自己最適合的領域還是能成為成功的創業者。

「你必須找出一種思維類型並成為其中的佼佼者。」

他在一張紙上列出了B-I三角形的五項任務。

- 產品
- 法律
- 系統
- 溝通
- 現金流

然後他說道：「我認為你在法律、系統和現金流方面成為專家的希望不大。你在學校裡的成績不行，以後可能也不會好到哪裡去。我不認為你會再回到學校深造，成為一名律師、會計師或工程師。那麼就剩下產品和溝通兩項了。選擇一個，並且花一生的努力成為其專家吧。」

就是這番話使我下決心離開海運公司加入全錄。那是一九七四年，我認定了我成為創業者的機會來自於溝通——我要成為與人溝通的專家。我並非一個天生的P型思考者，但決心用一生中剩下的時間攻下這個領域。

直到今天，我還對擁有學術智慧的人士充滿敬意，對充滿創造力的產品開發人員、終生研習法律的司法界人士以及能設計出優秀機械系統的工程師們充滿敬意，我也對掌控現金流向的聰明會計師們充滿敬意。

為何只做某一方面的專家

當我問富爸爸「為什麼一定要成為某一方面的專家」時，他回答道：「如果你想把最優秀的人才吸引過來，圍繞著你組成一個團隊，那麼你自己也必須在某個方面非常優秀。假設你在溝通方面並無突出之處，也就配不上最好的律師、工程師、設計師和會計。平庸的人只能擁有平庸的夥伴。」

全才專家

有些個體從業者沒能完全發揮出他們的潛力，就是因為他們覺得自己必須成為所有五個方面的專家。他們通常都很聰明，而且在五個方面都具備一定能力，但不一定事事精通。這就是為什麼他們中的大多數仍然停留在S象

 平庸的人只能擁有平庸的夥伴，因此要讓自己成為某方面的專家，才能吸引優秀的人才。

限。如果你想要在B象限中取得成功，就應該在某一個方面非常突出，然後再吸引其他領域的傑出人士共同組成團隊。

不謙虛地說，我在銷售、行銷、寫作、演講和開發資訊產品方面相當出色。要不是多年來努力訓練自己的溝通技巧和培養自己的P型思考能力，我很懷疑富爸爸公司是否能取得今天的成就。

現在，富爸爸公司擁有強大的產品設計團隊、法律顧問團隊和國際分銷體系，擁有良好的內部系統、全球行銷溝通體系和世界一流的會計師。在世界各地，成千上萬的人為我們的企業和我們的產品工作。我們的成功雖然來得迅速，但之前的積累卻是長期的。就像老話說的「根生年複年，花開一夜間」。

自我發展

街頭商學院是一所非常嚴酷的學校。我還記得當年在紐約，我身無分文地拜訪每一戶人家，敲開一扇又一扇的大門，希望有人買下我的尼龍錢包。我愛紐約這座城市，但我也知道，它對於窮困潦倒的人是多麼冷酷無情。

現在，富爸爸公司的總部設在亞利桑那州的蘇格茨達，但開展業務卻經常在紐約以及世界各地的其他城市。如今我們經常拜訪是一些世界級大公司，比如時代華納、美國運通、ABC、NBC、CBS、《財富》、《商業周刊》、《富比士》、《紐約時報》、《紐約郵報》和CNN——這是多麼令人興奮的事。更令人興奮的是和他們做成了生意。然而，過去八年間的成功並未讓我忘記紐約那些大街小巷和冬天的凜冽寒風。掙扎在那種境遇中只是因為B-I三角中的某些方面出了問題。

所以，在辭去工作之前，你最主要的任務就是把自己培養好。如果你願意不惜一切代價地向偉大創業者的目標邁進，就一定不難找到偉大的同伴與你組成團隊。在擁有了出色的團隊之後，你會發現成功變得容易多了。所以，不必去討論哪種智慧更重要，重要的是你得盡量使自己變得有智慧，無論是學術智慧還是實踐智慧。

第五章

體驗不同生活與世界的創業之旅

Before you Quit Your Job

「我們只有錢了六個月，」我跟富爸爸說，「那時候錢滾滾而來，之後就完蛋了。」

「喔，但你們至少嚐過百萬富翁的滋味了，雖說只有六個月，」富爸爸笑呵呵地說：「很多人連一天有錢的滋味都沒嚐過呢。」

「對，可我現在都快破產了，」我抱怨著，「成功了六個月，然後要付出好幾年的代價。」

「至少你品嚐過了。」富爸爸微笑著安慰我：「成功和日進斗金的感覺大多數人可都沒體驗過呢。」

「可大多數人也沒體驗過這種失敗和日虧斗金的感覺。」我邊說著，自己也笑了起來。

「那你為什麼還笑呢？」富爸爸問。

「我也說不清，」我答道，「我想是因為雖然很痛苦，但這種經驗卻是拿什麼都換不到的。就像你說的，我看到了一個完全不同的世界——雖然只看了一眼。那是一個只有少數人才能看到的世界，而我希望能再次看到它。」

富爸爸靠回到他的椅子上，沉默良久，似乎是在回味自己一生中的成功與失敗。他回過神來後說：「多數人工作是為了安全感，對很多人來說，家庭和工作只是他們逃避殘酷現實與競爭的處所。」富爸爸頓了頓，說道：「有些人卻在尋找不同的東西。」

「你是說安穩和金錢以外的東西？」我問道。

「是的。如果我要的只是一份安穩的工作和薪水、一個除了家之外隨時可去的地方，我可能根本不會自己創業。」

「那麼你尋找的是什麼呢？」我問

「一個不同的世界、一種不同的生活。我出身貧寒，但我要的不只是很多的錢，也不只是名車豪宅。我要的是一種只有少數人才能過的生活。我知道，我失敗的可能性會更大，還會經歷各種各樣的坎坷。然而，我對那種生活的神往卻值得付出一切。這不只是賺錢的問題，這是有關人生的探險。」

富爸爸再次陷入長長的沉默。

最後，他終於接下去說：「當我的生命終結時，一切都會變成回憶。回憶裡有我一生的偉大冒險，有生意的成敗、金錢的得失，還有朋友的來來去去。我會回想起那些突然闖進我生命裡的陌生人，為了一場冒險和我並肩奮鬥，又在冒險結束後離我而去。這是一個漫長的旅程。但願有一天，你在自己的旅程中能找到那個地方，能讓你體會生命的從容與美麗的地方；在你內心深處，你早就渴望著它，知道你的夢想會成真。」

「你找到那個地方了嗎？」我問道。

富爸爸沒有說話，只是點了點頭，臉上浮現出安詳滿足的微笑。

未來一瞥

說到這兒，我覺得一切已經非常清楚了。我知道我必須去做，我得去和債權人溝通，重振企業。我還有很多事情要學，所以我知道該是回去工作的時候了。於是我拿起背包，握了握富爸爸的手，向門口走去。

「還有一件事。」富爸爸叫住我。

我在門口站住，回過身來問：「什麼？」

「你還記得你意氣風發的那六個月吧？」

「是的。」我答道。

「那就是對未來的一瞥。」

「一瞥？」我重複著：「你指的是什麼？什麼未來的一瞥？」

「一九七四年，當你決定聽從我的建議，而不是你親生父親的建議時，你就踏上了一條路。這條路有起點也有終點，它可能會用去你很多年的時間，但終究會有終點。總有一天這場戰鬥會突然結束，一種新的生活則會降臨，如果你堅持走下去，你會勝利的。在這個過程中，你會遇到許多挑戰和需要學習的東西，它們會考驗你、引導你。如果你能通過考試、學到該學的東西，你就能夠進入下一個階段，否則你就會被淘汰。那六個月是讓你先瞥一眼以後的好日子，瞥一眼你正在尋找的那個世界——那個正在等待你的世界。這一瞥是在向你說：『接著走下去吧，你選的路沒錯。』它給你勇氣去面對眼前的長路，不斷地前進和學習。」

「你是怎麼知道的呢？」我問道。「你以前也有這樣的經歷嗎？你也很早就窺見過未來嗎？」

富爸爸仍然只是笑著點點頭。

 創業是一條漫長的路，它可能需要走上很多年，但終究有終點，堅持走下去就會勝利。

十年旅程

富爸爸關於創業之旅的教導使我終生受用。回頭看起來，我的個人旅程似乎每十年就是一個迴圈，就是一個新階段。比如說：

1. 一九七四到一九八四年：學習階段。在這段時間中，我在實踐中學習作為創業者的技能。學校生活結束了，街頭商學院成了我的課堂，因為我對很多東西都還不懂而犯了許多嚴重的錯誤。在這段時間裡，我藉由建立一家公司，在亞洲生產尼龍錢包並將產品推銷到世界各地來鍛煉我的創業能力。我們還為好幾家搖滾樂隊，比如杜蘭杜蘭、平克佛洛依德和喬治男孩設計過產品。在這段時期中，我盡可能地在B-I三角的各個領域加強學習。這也就是我在前面講到過的實踐商學院。

2. 一九八四到一九九四年：收益階段。在這段時期，我開始大量賺錢，打下了個人財富的基礎。以前從錯誤中汲取的教訓開始以金錢的形式回報我。金和我把賺來的錢投資於房地產，我們不僅得到能帶來穩定高收益的資產，還吸取不少房地產投資經驗。在這期間我繼續從事我熱中的創業和投資培訓工作，我把窮爸爸的教師職業和富爸爸的創業與投資經驗結合起來開了「創業者商學院」和「投資者商學院」課程。也正是在此期間，我的溝通技巧不斷提高，總是嘗試與傳統教學大相徑庭的方式教學。正如在前面一章中所說的，我必須決定我要成為哪一方面的專家；在研究五個領域之後，我認定我最有潛力的是在溝通領域，努力成為這個領域的行家會使我更容易吸引到其他方面的能人與我共同創業。

3. 一九九四到二〇〇四年：回報階段。當金和我賺夠了錢，可以不再工作且生活無憂之後，我知道該是回報的階段了。藉由出售我的教育書籍，我花時間創建了一家公司，以便使更多的人以更低的價格學到富爸爸的課程，這就是富爸爸公司的由來。以前我開辦的研討會要向每名參加者收五千美元，而現在我設計一種叫「現金流」的遊戲；在這個階段，我的重心從賺錢變成了服務。我不斷地問自己：「如何才能為更多人服務？」有意思的是，我愈是關注於服務他人，獲得的經濟回報也就愈高。二〇〇四年，金、莎朗和我決定引入新的管理團隊來管理我們的公司，以使它更上一層樓。這樣，作為創業者，我們已經完成了我們的責任。

這樣的發展歷程並不是我事先規劃好的。它們好像是自然而然地交替，藉由回憶才能看清這個發展的軌跡。

追尋到的未來

今天，我正過著我在一九七八年曾經瞥見過的未來生活。創業之路實現了它對我的承諾。

過程比目標更重要

大多數人都聽說過設定目標的重要性，我的富爸爸卻對目標有不同的認識。他說：「目標很重要，但達到目標的過程比目標本身重要得多。」他解釋：「當你向一群人提問，『誰想當百萬富翁？』多數人都會舉起手來。這是他們的目標，但重要的是選擇達到目標的途徑，要成為百萬富翁，有很多途徑可以選擇。」

成為百萬富翁的各種途徑

富爸爸說過：「過程重於目標，是因為在追求目標的過程中，你變成什麼樣的人。」以下就是一些例子：

1. 你可以藉由繼承財產變富翁。但大多數人沒有那麼幸運，身為有錢人的後代或是被富翁收養，都是可遇而不可求的。
2. 你可以為錢而結婚，從此變成有錢人。但我們都知道這種行為會把你變成什麼樣的人，這是世界上最古老的一種致富手段。
3. 你可以藉由吝嗇變富翁。問題是，如果你成為富翁之後還保持著吝嗇的習慣，就會成為大家都討厭的守財奴。事實上，富人們的名聲就是被那些守財奴破壞的。
4. 你可以藉由不良手段發財。而你最終將變成為富不仁的惡棍，你的朋友也都是些惡棍。其他富翁（只要是善良的人）也不會喜歡你。
5. 你可以靠運氣發財。這其中也有很多條路，比如說像許多運動明星或演員那樣有天分、比如說中六合彩、比如說生在大富之家，或者僅僅是在合適的時間待在合適的地方。問題是如果你失去金錢，就很難再靠運氣贏回來。

6. 你可以成為一名聰明的創業者而致富。想成為富有的創業者，首先得當聰明的創業者。我喜歡這條途徑，因為你會變得更聰明，而變聰明比賺錢重要得多。即便你失去金錢，你也已經學會了如何賺大錢。

錢不能使你富有

樂透彩一開獎就是幾百萬美元，那是因為總有幾百萬人想靠運氣發財。我覺得這很有趣，因為這種發財途徑顯然是希望最渺茫的，也根本無法提高你的財富智商。以下是有關用碰運氣的過程發財成為百萬富翁的故事。

兩次樂透贏家住在拖車裡

「贏得樂透彩的結果並不總像人們想像的那樣。」──艾佛蘭・亞當姆斯兩次贏得新澤西州的樂透彩（一九八五和一九八六年），總獎金有五百四十萬美元！但現在他已經花光所有的錢，住在拖車裡。

「我贏得了美國夢，又失去它。這是一件痛苦的事，讓我無法承受。」亞當姆斯說。「每個人都跟我要錢、向我伸手，我那時還沒學會說『不』。如果一切能夠重來，我就不會那麼傻了。」

一個被幸運垂青過的可憐人

機械師肯・普羅克斯米爾贏得密西根州的一百萬美元樂透彩後，搬到加州和他的兄弟合夥做起汽車生意，五年後破產。

「他只是一個被幸運垂青過的可憐人。」他的兒子瑞克說。

靠食品券為生

威廉・波斯特在一九八八年贏得賓州一千六百二十萬美元樂透彩，最後卻靠社會救濟為生。「我真希望這一切從沒發生過，真是一場噩夢。」波斯特說。

中獎後，前女友對他提起訴訟，成功把獎金分走一部分，這樣的訴訟不止一樁；一個兄弟為了繼承獎金，雇了一名殺手殺他；其他兄弟也不斷糾纏他，直到他同意投資汽車生意和佛羅里達州的一家飯店。然而兩項生意都沒賺到錢，還把他和兄弟們的關係搞得十分緊張。

波斯特後來還蹲過大牢，因為他向一名催款員開槍。不到一年時間他就欠下一百萬美元的債務。他承認為了讓家人高興，他表現得既愚蠢又粗心，現在他過著平靜的生活，每月領四百五十美元生活費和一些食品券度日。

如果你失去十億美元會怎樣？

曾經有一位記者問亨利・福特：「如果你失去全部財產會怎樣？」那時福特的身家已超過十億。

福特的回答是：「不到五年我就能賺回來。」

如果你把福特和前面那些中獎者的回答比較一下，我相信你就能清楚知道靠運氣致富和創業致富兩者間的差別了。

一個值得思考的問題

得知亨利・福特的回答後，我常常問自己：「如果我失去一切，五年內能再贏回多少呢？」以我以前的經歷來說，每次當我回到零都能賺回比以前更多的錢。我雖沒像亨利‧福特那樣賺到十億美元，但公司的營業額也有數億元。所以，在我看來，創業之路才是致富的最佳途徑。如果你有勇氣、有智慧、有毅力，透過這個學習過程你將獲得巨大的財富。

奠定基礎

成為創業者的過程需要在B-I三角的五個層次上學習和累積經驗，一個人如果能五項都精通，就什麼都不用怕了。我花了差不多十年時間才從實踐商學院畢業，對各個領域稍有所知，其他人能否以更快的速度提高自己在這五個方面的能力呢？肯定可以。寫作此書的目的之一就是要提示你，如果你瞭解這五項任務，就比較容易逐層地發展自己的能力，使學習重點更明確。

現金流為何是基礎

多數想當創業者的人關注的都是產品層，也就是B-I三角的最上層。產品雖然重要，但觀察一下B-I三角，你會發現最基礎的一層是現金流。

我剛開始自己創業時，也總是為新產品或新想法的產生而激動不已，比如我的尼龍錢包生意，尼龍錢包只是我們討論過的大約五十種產品創意中的一個。其他還包括木製迷宮棋、帶粗麻盒子和夏威夷照片的糖果包裝、一本雜誌，甚至是子彈型的糖果——包裝盒上寫著「吃子彈吧」。你們看到了吧，我們的C型思考是無窮無盡的。

一選定尼龍錢包做產品，我們三人就趕忙開始設計包裝，這又是一項需要C型思

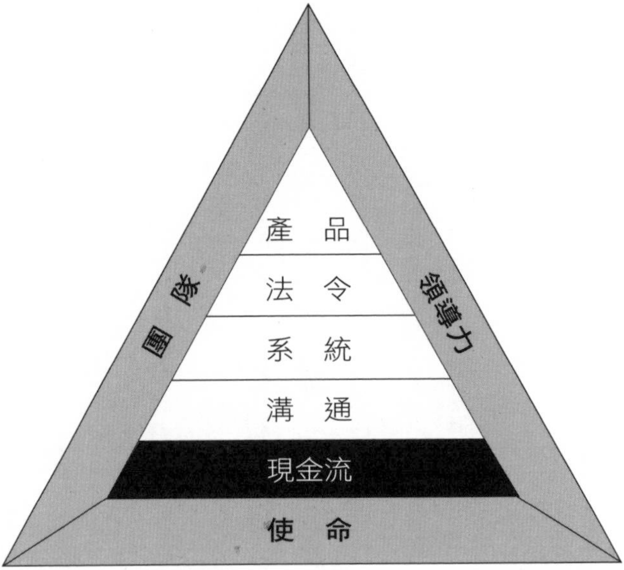

維的工作，也是我們三個人都喜歡的工作。設計完成後，我們就到處尋找投資者，大多數潛在投資者都很客氣，會花一些時間欣賞一下我們的產品和包裝。然後，如果感興趣的話，他們幾乎無一例外地問：「能看看你們的報表嗎？你們的預期利潤率是多少？」我們拿不出報表，便會斷然遭拒。

甚至連富爸爸都拒絕了我們，而且是以不禮貌、甚至粗暴的方式拒絕我們的。他把我的兩個合夥人踢出辦公室後，關上門給了我最嚴厲的一次訓斥，我在別的書裡寫到過這個故事，在這裡就不再複述細節了，但我得到的教訓卻值得重複一下。那就是：對於成功的生意人和投資者來說，數字是非常重要的。

如今，我的歲數大了，也變得聰明和富有一些。每次有人讓我評估一個新產品或生意的時候，我做的事和多年前那些拒絕我的投資者一樣：要數字。

這並不代表比起一九七八年，在解讀和處理數字方面我有多大進步。區別在於我現在懂得先要數字，之後再請受過專業訓練的人士分析。我的專長在於溝通，但這不代表可以忽略我不擅長的現金流，或是B-I三角的其他任何層面。作為一名創業者和投資者，我需要瞭解一個生意的整體，而不只是感興趣的部分。

如果一個想創業的人跑來向我展示他的新產品，我的第一個問題就會是：「你有財務分析嗎？」如果生意已經建立起來了，我就會問：「你的財務報表呢？」我會問這些問題不是因為我精通財務，而是測試這個人是否做好了起步創業的準備。

如果對方拿出數字和財務預算，我就會請一位訓練有素的會計師或專家，來和我一起解讀這些數字。數字會講故事，我需要的就是能讀懂數字並向我轉述其中的故事的人。作為一名創業者，我相信數字所講的故事是很重要的。

早點付出比較好

如果你是真心想成為創業者，不妨做一個有趣的練習：雇一名有經驗的會計師幫你準備一份財務預算和現金流分析。即使你還沒有想出合適的產品，這個練習也很重要，讓你對開辦企業的成本有概念，而後你就會清楚知道得賣出多少產品才能維持生意。有經驗的會計師可能還會提醒你一些你沒想到的花費。如果我做尼龍錢包生意前先做過這個練習就好了，就不會白白損失那麼多錢。與我們的損失比起來，聘請一位好會計的費用簡直是九牛一毛。更重要的是，花了這筆錢自己還能學到很多東西，這些知識財富對創業者來說是無價的。

如果你去向會計師們做個調查，我敢打賭他們會告訴你：大多數的創業者在會計準則和記帳方面的知識少得可憐。對數字缺乏準確的掌握可能會讓創業者陷入麻煩，也可能損失更多的錢。換句話說，提前付小錢比以後付大錢要明智。

我為何會設計出現金流遊戲

我設計現金流遊戲的主要原因之一來自富爸爸當年的那番訓斥。我這輩子聽他說數字的重要性說了很多年，但直到他訓斥我，以及我遭受慘重損失之前，我都沒能真正弄懂數字的意義。現在我懂了。

這個遊戲為你和你的會計師架起一座橋梁，遊戲不會把你變成會計師，卻能讓你熟悉會計職業的T型和A型思考邏輯。如果你和我一樣，會計和數字也是你的弱項，那我強烈推薦你把現金流遊戲視為一種教育工具。關於現金流遊戲產品和全球現金流俱樂部的情況，請到我們的網站 www.richdad.com瞭解更多訊息。

再重申一遍，在你辭職創業之前，我強烈建議你先坐下來，和一位有經驗的會計師一起做一個財務預算，看看創業會花你多少錢。如果數字把你嚇壞了，就深呼吸一下，反覆想個一兩天，給自己一點時間思考一下成本問題。開創和發展企業所需的錢通常比你一開始想像的要多。

保留你的工作

如果這筆預算已經嚇退你，那麼創業可能並不適合你，還是先抓住現在的工作。支出居高不下是每家企業每天都在面臨的問題，面對這項挑戰是一名創業者最重要的任務之一。這需要很強的A、T、P和C型思考。我個人並不擅長此道，但每天還是得應付這個問題，現在總算是有所進步了。

給我看看數字

當準備創業的人找上門來，請求你投資時，他們分為兩類：

1. 準備了商業計畫書和財務預算表的人。
2. 什麼都沒拿的人。

一個人要是兩手空空找上門來，要麼他只是剛剛起步，要麼他根本不知道自己在做什麼，或者兩者都是。只談產品而沒有財務規劃，說明他們還沒有真正認真地思考過整個過程。如果我感興趣的話，我會建議他們先回去，按照B-I三角做一番研究，然後聘請會計師，草擬一份商業計畫書，其中需要包括一些關鍵性的數字。

如果你想學習如何撰寫商業計畫書，加洛特・蘇頓寫了一本很好的書：「富爸爸顧問」系列之一的《富爸爸：商業計畫寫作ABC》，不妨一讀。

融資的第一步

無論誰來問我：「我該怎麼做，才能貸到創業所需的金錢呢？」我都會這樣反問他：「你有商業計畫書嗎？」一份好的商業計畫書加上一次精彩的演講，可以幫你籌到需要的錢；一份不合格的商業計畫書加上差勁的演講，會讓你與資金失之交臂。

商業計畫書裡的數字並不是寫死的。多數企業在建立起來後，並不能完全準確地達到早前的預期。寫作商業計畫書並加入數字分析的過程只是一個A型或T型思考的過程，讓創業者認真、深入地思考這門生意。正如第一章所說的，成功的生意是在開張之前開始的。也就是在紙上寫下你的創業過程。

計畫可以很簡單、不必太細緻，計畫書只是為了讓潛在的投資者弄清創業者的思路。同時也告訴投資者，面前這個人提出的計畫是認真而且可行的。

即使生意還只是雛形，思考、寫成計畫、分析數字的過程也是一個很好的練習，是融合學校智慧和實踐智慧的起點。

告訴我一個故事

幾年前，一個年輕人打電話說想要見我。我問他見面的目的時，他說：「我有一個商業建議，想要介紹給您。」

「你想要我投資是嗎？」我直截了當地問。

他結結巴巴地答道：「對，是的。」

通常我對於還停留在紙上談兵階段的生意不是很感興趣，但好奇心讓我答應和他共進午餐。

一週後，我在餐館和他見面，他穿得很正式，並帶來一份看起來很像樣的商業計畫書。我說過我不擅長解讀數字，但我還是努力讀出計畫中數字所講的故事，我注意的第一個數字就是薪資欄，在我看來，這該是故事開始的地方。

這個年輕人為自己設定十二萬美元的年薪。我的第一個問題是：「你為何要從一個尚不存在的生意中拿這麼高的薪資呢？」

計畫書可以很簡單，只要讓投資者看懂你的思路，
並讓他們相信你的計畫是具體可行的。

「喔，這就是我現在的薪資水準，」他面帶不悅地答道，「再說，我有妻子和三個上學的孩子，有這筆錢才能讓我維持開銷。」

就像我說的，商業計畫和財務預算會講故事，薪資欄介紹了故事的主角。我窺見了他的內心、思維、消費習慣以及人生的追求。

在我看來，這樣的薪資要求就代表他還是像雇員一樣思考，是在尋找一份高收入的工作。其實我們已經不需要再吃午飯，因為我瞭解得已經夠多了，並且很清楚自己不會投資他。

財務報表和B-I三角之間的關係

但我們還沒有點菜，所以我得表現出應有的禮貌。我想看的下一個項目是其他支出與B-I三角的關聯，換句話說，我的第一步是使用我的P型思維，我需要瞭解坐在我面前的是個什麼樣的人。第二步才是使用C型、A型和T型思維，並且把財務報表與B-I三角中的不同層級建立聯繫。

我在腦子裡畫出了下面這樣的圖形：

我接著問他：「你現在的工作是什麼？你為你的老闆做哪些事？」

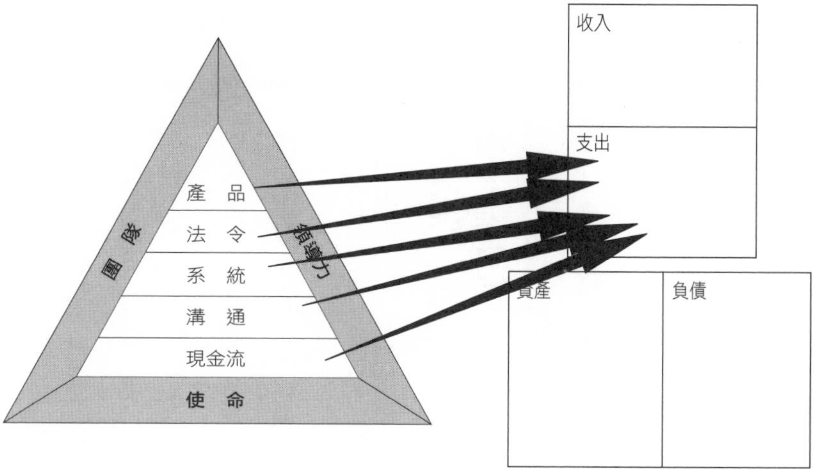

「我是一個專業機械工程師，負責客戶服務，在我們的系統中跟蹤客戶訂單。我就是由此開發出產品的，讓我跟您解說吧。」

「等一下吧，我對你的財務規劃還有幾個疑問。」我指著「廣告和促銷」一欄，問道：「每月一萬美元的這筆花費包括什麼？你有什麼行銷計畫？」

「哦，這個我還沒仔細想過。我準備雇用代理公司，請他們幫我做行銷。」

「你在銷售和行銷方面的經驗如何？」我問。

「我沒什麼經驗，」他說，「我多數時間都是花在公司內部系統中。我就是這樣想出我的新產品的，這種新產品能革新訂單跟蹤系統。」

「那你有沒有找一位智慧財產權律師談談如何保護你的創意呢？」

「嗯，我倒是想過，但還沒找。」

「在你的計畫裡，律師費只有四千美元，為什麼？」

「哦，我暫時不想花那麼多錢。以後等公司賺的錢多了，我再多請律師。現在剛起步時，我想四千美元就差不多了。」

「那麼是誰幫你做這份財務預算報告呢？」我問：「我沒有看到會計費一欄。」

「哦，您說得對。我忘掉這一項了。您覺得要花多少會計費才夠呢？」

「我不知道。」我說：「我不是會計師。如果你真的想知道的話，就該自己找一個會計師問問。」

「我怎麼才能找到好的會計師呢？」

「你可以打給我的會計師。不過他收費很高，不知你現在是否用得起。」

「哦。」小夥子若有所思：「我得控制開支，所以得找一個收費低的會計師。」

聽夠了故事

儘管我對他的想法瞭解得還不夠清楚，但我想已經聽得夠多了。我還是看了一下他的產品，不過，如果不去徵求智慧財產權律師的意見，這個創意也許永遠也不可能成為產品。他沒有讓我簽下任何字據，要我對看到的東西保密——這無情地暴露了這位想要創業的年輕人是多麼稚嫩。

我自己的教訓

如果我看中他的產品，只要剽竊他的創意，把產品生產出來推向市場就行了。我之所以深諳此道，是因為我自己犯過同樣的錯誤，得到過痛苦的教訓。一九七七年，我本應為我的尼龍錢包申請專利，卻為了省幾個錢，沒有聘請智慧財產權律師。

這就是為什麼後來我有「現金流」遊戲的創意後，我沒有告訴金和產品設計工程師以外的任何人。我去找的第一個人就是智慧財產權律師。

這是把壞運氣變成好運氣的另一個例子，當年我因為缺乏經驗和貪圖便宜，沒有為尼龍錢包申請專利，結果損失了幾百萬美元。把壞運氣轉換成好運氣就是當我從中學到教訓而把「現金流」遊戲申請專利。

在B-I三角中，「法律」就在「產品」下一層的原因之一就是創業者的創意經常是公司最重要的資產，律師的工作就是在產品和生意出現之前便開始保護公司、產品和智慧財產權。如果你是一位C型思考者，你最好購買一本邁克・萊希特寫的書，瞭解如何保護你的頭號資產——創意；他的作品應該是每名創業者書架上的必備讀物，任何時候當你產生一個新想法，最好在和別人談論之前先讀讀邁克的書或是找律師談談。

說「不」

那位年輕的工程師看起來挺不錯，他的新產品似乎也會有銷路。然而，我還是告訴他：「不，我不想投資你。」B-I三角的現金流層面揭示了他作為創業者的長處和短處，我不是對他的產品或創意說「不」，而是對他這個人說「不」。他還有許多的家庭作業要做。

雖說他的產品看起來有前景，但數字告訴我的故事卻不怎麼樣。我對於他能否成功十分懷疑，即便能成功，我也懷疑他是不是有能力讓公司發展起來，使投資者收回投資。所以我放棄了這次投資的機會。

世上沒有壞投資

我的富爸爸常說：「沒有壞的投資，只有壞的投資者。」他還說：「商業機會都很好，差勁的創業者卻很多。」在我看來，這位年輕工程師擁有一個絕妙的主意，發明了一種偉大的新產品。然而，他的商業思路卻不怎麼樣。

富爸爸想要灌輸給我們的是：這個世界上到處充滿賺大錢的機會，問題在於優秀創業者的數量比機會少得多。這就是為什麼B-I三角的現金流層面顯得如此重要了，現金流的故事不僅是關於機會，也是關於創業者；在生意初創階段，這點更為重要。

亮起紅燈

你去申請貸款，銀行裡的人不會跟你要學校成績單，不會問你所學的專業和平均分數，那是因為他們評估的不是你的學術智慧，而是你的財商。他們想瞭解的是你的收入、支出和儲蓄有多少，因為這些能顯示出你的財務責任感。在閱讀一份財務預算報告或者真正的會計報表時，我也希望從中找出類似的線索，無論是真實的還是預估的，我都對某些地方特別重視，看看這些地方是否亮起了紅燈。

紅燈：是薪資而非回報。你們可能已經發現了，這是我最先看的一欄，它能幫我瞭解創業者本人的情況。首先，它告訴我創業者最看重的是什麼，是事業還是個人生活。很多很多次，我遇到的創業者都如狼似虎地榨乾自己的企業，而不是對灌溉施肥。我的一位朋友曾經被聘請為顧問，去幫丹佛的一家建築維修公司解決現金流方面的困境。那家公司跟很多辦公大樓和公寓簽下合約，負責清掃、維護停車場。公司的營運費用很低、利潤很高，本可以高枕無憂，但是公司卻一年到頭都處於財務困境之中。

進一步瞭解情況後，我朋友發現公司老闆買下了昂貴的山間滑雪別墅，設施一應具全，他還購置了名車、經常舉辦豪華晚會，而且全部都由公司埋單。更糟的是，他對聯邦稅務局和州稅務局撒謊，避稅變成了逃稅。

我的朋友建議他把別墅和車賣掉，以節約開支，同時雇用一流的會計公司幫助他解決稅務糾紛，結果那位老闆卻把我的朋友開除了，因為他認為問題出在公司資金上。這是創業者把個人需求置於企業需求之上的一個極端例子。所以，一家公司的經營講述的故事既是關於公司的，也是關於創業者的。

紅燈：好的花費和壞的花費。這是我從富爸爸那兒學到的最重要的課程之一。他說過：「很多人之所以這麼窮，是因為他們並未精通如何花錢。換句話說，有好的花費，也有壞的花費。」他還說：「富人們花錢讓自己變富，窮人們花錢讓自己變窮。」關於創業精神，他說：「大多數人都不是好的創業者，因為他們只知道省錢，而不懂得如何花錢。」

我的尼龍錢包生意失敗的一個原因就是：我總想著省點錢，因而決定省下那七千美元的律師費，結果省下小錢，卻虧掉了上百萬美元的生意。我得到的教訓是，應該學會花小錢創造大財富。

我一個朋友的朋友做生意總是不得法。有一天我和她共進午餐，她告訴我，她剛花五萬美元重新裝修了她現在住的公寓。我問她那是不是她自己的公寓，她說不是，「我的錢不夠付頭期款，房子是租的。」當我驚訝於她為何花這麼多錢在不屬於自己的房屋時，她生氣了：「我需要有一個舒服點的地方住。」這時候，我相信我已經窺見她經營不善的原因——在花錢方面實在太愚蠢。

我用B和I兩個現金流象限來命名B-I三角，原因之一就在於，處於右側這兩個象限中的人們必須懂得如何花錢，然後再從花的錢中收回可觀的回報。而處於E和S象限中的人在成為創業者之後舉步維艱，原因之一也是他們只知為錢工作，而不知如何花錢和讓錢滾錢。這種花錢和讓錢滾錢的能力對於B和I象限中的創業者和投資者們就十分關鍵了。

在一九九七到二〇〇五年之間，房地產市場十分興旺。但即便是在此期間，我也遇到了好多投資於房地產卻分文未賺的人。在我看來，這就代表他們不懂如何花錢和讓錢滾錢，他們可能當不了成功的創業者，在商業技巧方面也有很多東西要學。當我審視一家企業的時候，我在尋找的就是這種能力——把錢花出去，再讓它生出更多錢來的能力，這是關鍵的技能。

紅燈：錢會說話。富爸爸說：「『生意』和『營生』可不是一回事。有些人終日忙著自己的營生，十分辛苦卻賺不了錢，他們成不了好的創業者。」創業者必須賺錢，也就是B-I三角的現金流層面。

幾年前，我讀到過一篇文章，講的是一對夫婦在九一一之後雙雙失去了工作。此前，他們都在紐約一家大公司做市場經理，每年的收入加起來有二十五萬美元。他們決心自己開公司，因為他們都是行銷方面的專家，但一年後，公司的利潤竟不到兩萬六千美元。為什麼呢？我猜其中一個原因是：作為領取高薪的公司雇員，他們對整個公司的損益沒有責任；而作為創業者和公司的所有者，他們必須負起全責。他們在大公司的行銷技巧並不一定能轉化為實踐中的財務成功。

他們突然明白了，創辦一家公司並不只是辛苦和忙碌，也代表自己所做的事將對金錢的損益產生直接的影響。富爸爸會說：「雇員拿錢是因為他們的忙碌，老闆拿錢是因為他們的成果。」成果通常是指公司的營利情況。這也就是為什麼現金流處於B-I三角的基礎層。就像富爸爸說的：「保險箱是用來存錢的，不是用來裝藉口的。」

對我來說，有些紅燈是創業者在創業過程中的某一階段陷入困境。他們能從中學到些東西、繼續前進嗎？還是會不斷絆倒在同一塊石頭上？

在我們的生活中，也會出現紅燈。無論問題出在哪兒，生活都會自動亮起紅燈：健康狀況不佳、壞運氣，或是惡化的關係。富爸爸說：「紅燈是警告，我們或是留心這些警告並從中學習，或是視而不見。如果你視而不見，可能就會有完全不同的遭遇。」

我的窮爸爸每天要抽兩三包菸。他大半輩子都對紅燈視而不見，最終罹患肺癌。他後來戒了菸，但為時已晚，他開始打一場生命保衛戰，卻在一年後輸掉了。

負起責任

有一句老生常談：「錢會說話。」錢的聲音最響亮時就是在財務報表的最後一行。作為一名創業者，你不一定得是一名會計，但需要對現金流負責。在你辭職之前，請記住兩件事：

1. 對盈虧負責的不是雇員，也不是諮詢顧問，而是創業者。
2. 當你觀察現金流象限時，你會發現，沒人要求E和S象限中的人們準備財務報表，而B和I象限中的人卻需要，為什麼？因為錢能說話，它告訴其他人這兩個象限中的人們的財商。大家總是以財務成功來衡量B和I象限中的人是否成功。

像CFO一樣思考

如果你想要提高自己在B-I三角現金流層面中的財務技能，我強烈建議你們買一套現金流遊戲，經常玩一玩。遊戲能教會你像CFO——也就是首席財務長一樣思考，CFO一定是每個創業團隊的核心人物之一。

創業者責無旁貸

一位CEO或是一位創業者不能忽略錢，找藉口或歸咎於他人是沒有用的。錢是創業者要過的第一關，也是B-I三角最基礎的一層，作為一名創業者，你得對整個B-I三角負責。所以在你辭職之前，永遠要記住責無旁貸以及錢在哪裡說話。

第六章

使命點燃創業的激情

Before you Quit Your Job

「你從越南學到了什麼？」富爸爸問。
「我懂得了任務、領導力和團隊精神的重要性。」我答道。
「哪一個最重要呢？」
「任務。」
「很好。」富爸爸笑了。「你會成為一名出色的創業者。」

一名戰士

那是一九七二年初，我在越南駕駛武裝直升機。在戰區的頭兩個月，我執行了幾次飛行任務，但沒直接遭遇敵人的炮火。不過，那一天很快就來了。

在兩天特殊訓練之後，我們去執行一項任務。起飛後，我向後瞭望已經遠離的航空母艦，再一次提醒自己現在是在戰場上，不是學校裡。

每一次我跨越海岸線飛向陸地，都提醒自己，活生生的敵人正在前方荷槍實彈地等著我們。我看了看身旁的兩名機槍手和一名機長，從話筒問：「怎麼樣，夥計們？」沒人說話，他們只是向我豎了豎大拇指。他們知道我還是個沒經過大場面的新手，知道我能開飛機，但不知道我在戰爭的壓力下表現會如何。

一開始我們有兩架直升機，後來前面領頭的那架因為電路系統出問題而返航。我們收到命令必須繼續向前飛行到預定地點。我感覺到大家的情緒更緊張了，前面領航的飛行員已經在戰場上飛了八個月，經驗豐富；更重要的是，他們的飛機裝有空對地火箭炮，而我們只有機槍。他們返航後，我們硬著頭皮孤身前進了。

我們向北飛越世界上最美麗的海岸線。左邊是深綠的稻田，右邊是碧藍的海洋，白色沙灘綿延在我們下方。正在這時，無線電中突然傳出兩架直升機的呼救，他們遭遇敵軍的五十口徑機槍狙擊，當時我們正在附近，於是趕快朝他們的方向飛去，接著就看到了那兩架直升機和地面上的一座機槍交戰，此外，附近地面的敵軍也用很多輕型武器朝他們射擊。飛在半空中，我可以清楚地看出三十口徑機槍和五十口徑機槍子彈的區別，前者像是射向灰綠色天空的橙紅色火花，而後者卻像是高速飛行的番茄醬瓶子。我深深吸了口氣，繼續向前。

我們飛得愈來愈近了，我在心裡祈禱那兩架飛機能在我到達之前幹掉敵人，這樣就不需要我們幫忙了。但很不幸，兩架飛機中的一架被擊中掉下去，我知道我們肯定不能袖手旁觀了，看到那架飛機冒著煙迅速墜向地面，我和同伴們的心也揪了起來。我回頭看看他們，只說了句：「準備好，我們要上了。」我不知道我們該幹什麼，只知道要做好最壞的準備。

另一架飛機也開始下降，去營救第一架飛機上的人，於是只剩下我們用三十口徑的機槍對抗地面上的敵軍和五十口徑機槍。我想要轉向，卻又不願表現得像膽小鬼。在一股勇氣的支撐下，我繼續迎著敵人飛去，如今也只能聽天由命了。

那兩架飛機降落後，地面的火力集中到了我們身上。雖然還有一段距離，但看到密集的槍彈撲面飛來的那種恐懼，是我一生中從未經歷過的。現在是來真的了。

同伴們顯然比我有經驗，他們的沉默使我明白情況不妙。機長敲了敲我的頭盔，然後把我的頭盔扳過來，和我臉對著臉說道：「嘿，中尉，你知道這事兒糟糕在哪兒嗎？」

我搖搖頭小聲說：「不知道。」

機長咧嘴笑了，說：「做這行可沒有第二名。如果你決定要打的話，今天是我們活著回去，不然就是他們活著回去，但不會都活著，不是敵死就是我亡。現在由你來決定讓誰死，他們還是我們。」

我回頭看看兩名年輕的機槍手，一個十九歲、一個二十歲。我藉由話筒問：「準備好了嗎？」他們都向我豎起了大拇指，這是每名優秀的海軍陸戰隊員都會做的，不管指令是否正確，想到他們的生命握在我手裡，我心裡一點兒也不輕鬆。從這一刻起，我不能再只顧自己，而是得為所有的同伴著想。

我默默地對自己喊：「想一想，我們該返航還是繼續戰鬥？」然後我的頭腦中開始湧出各種返航的理由：「你們現在是單機作戰。至少得有兩架飛機。紀律不是規定至少有兩架飛機時才能作戰嗎？領航機不在，敵人又有火箭炮。如果我們返航的話，沒人會責備我們。或者我們可以降落去幫助我們的戰友。對，我們去幫他們好了，這樣我們就不用開火了，我們就有了不戰鬥的理由，反正我們是為了救人。我們救了幾名飛行員。對，這聽起來不錯。」

然後我又問自己：「如果奇蹟發生，我們竟然贏了呢？要是打掉了那個五十口徑機槍又能生還的話，我們能得到什麼？」

答案是：「我們可能因為勇敢而得到勳章，成為英雄。」

「那要是輸了呢？」

答案是：「我們會犧牲或被俘。」

我瞟了瞟兩名年輕的機槍手，終於下定決心——他們的生命比任何勳章都重要，我的也是。我不能違反紀律去做一件勇敢但愚蠢的事。

我們在槍林彈雨中穿梭，地上敵軍的射擊準確度愈來愈高了。在軍校，我們學過五十口徑的槍彈比三十口徑的槍彈射程遠，我們的機槍是三十的，也就是說在我們能打到他們之前就會被擊中。這時，一顆炸彈就在我們的窗邊炸開。我不假思索地向左轉，俯衝向地面，以拉開和敵軍機槍的距離。剛才我不知自己在做些什麼，現在該是思考清楚的時候了。飛向敵人無疑是死路一條。在飛機向下俯衝時，我用無線電呼叫附近的飛機：「這是海軍陸戰隊直升機，ＹＴ９６號，遭遇五十口徑機槍，請求支援。」

這時，一個清晰而自信的聲音在我的耳機中響起：「ＹＴ９６，四架Ａ４正在返航，彈藥充足。告知你的位置，馬上支援。」

我在話筒中說明我們的位置時，機上的幾個人都鬆了一口氣。不到幾分鐘，我們就看到支援的飛機趕來了。無線電那端傳來：「我們靠近之前，你飛回去看看能不能吸引他們火力，只要能看清他們的位置，剩下的就交給我們了。」聽到指令後，我們掉頭往回飛，敵軍果真又衝著我們開火。這時我聽到另一架飛機的機長藉由無線電說了句：「目標鎖定。」五分鐘之後，敵軍的機槍被幹掉了。我和我的夥伴成了那晚活著回去的人。

不同的團隊，共同的使命

後來，我常常會一個人坐著，靜靜地回想那一天。戰鬥結束後，我雖然在無線電中對其他飛機的戰友說了「謝謝」，但我仍然希望能夠見到他們，握住他們的手道一聲謝。我們屬於不同的團隊，來自不同的航空母艦，但承擔著共同的使命。

所有的戰爭都是恐怖的，戰爭簡單地說就是人性最險惡的一面，戰爭是一種我們利用最好的科技和最勇敢的人來殘殺我們人類。當我在越南那些年，我看到人性最險惡的那一面，我看到我不想看到的一些情景。但我也看到一絲絲心靈的力量，那是對另一種更高的層次的付出，如果我沒去戰爭的話就不會目睹的。當「兄弟連」用來形容士兵之間的情結，我在想說那些從來沒有參加過戰爭的人到底能不能真正的了解那一種情結的感覺。對我來說，那是對一種更高層次的心靈連結，叫做「使命」。

使命宣言

在如今的企業裡，拿出一份「使命宣言」是十分時髦的事，使命宣言是敘述建立一家公司的主要目的。在海軍陸戰隊服役和參加越戰之後，我每次聽到有人說「我們公司的使命是……」都會深感懷疑，我懷疑他們口中的「使命」這個詞只是個詞而已。

使命強大者勝

有一天，我正在北越和南越的軍事分界線附近飛行。俯瞰著下面血腥的戰場，有一些東西深深觸動了我。那晚，在營地的總結會上，我舉起手提了一個問題：「為什麼那邊的越南人比我們這邊的越南人打得狠？我們是不是在為錯誤的一方打仗？是不是在為錯誤的理由而戰？」

不用說，我為這樣大逆不道的言辭受到了警告。對我來說，這不是什麼大逆不道，我只是問了個問題而已，我只是把我觀察到的說了出來，自從來到越南，我就感受到這一點。說老實話，很多的美國士兵也不想來打仗，只是不幸被徵召入伍而已。如果他們能在坐飛機回家和留下來打仗之間做選擇，恐怕很多人已經坐在飛機上了。

在越南的時間過去一半之後，我已經意識到我們不會贏，即使我們擁有精良的裝備、先進的技術、強大的火力；即使我們的軍人收入豐厚、訓練有素。我知道我們不會贏，那是因為我們這一方——南越和美國——缺乏足夠強大的使命，一個更具感召力的作戰理由。我們失去了勇氣，至少，我失去了勇氣。我不想再殺任何人，我也不再是一名好士兵。

越戰的經驗告訴我：使命強大的一方會勝出。在商場中也是一樣。

守貧誓言

很多人都聽說過，有宗教信仰的人有時會立下「守貧誓言」，以完成自己的精神使命。當我還小時，我父親曾告訴我，一位信奉天主教徒的朋友立下守貧誓言。我問他那是什麼意思，他說：「他決定把一生獻給主和主的工作，錢不再是他生活的一部分。他會在艱苦的生活中為主服役。」

「艱苦？」我詫異道。

我爸爸被小孩子的好奇弄煩了，隨口說：「以後你就明白是什麼意思了。」

過了一些年，我才懂「艱苦」的含義。當我坐在海軍陸戰隊新兵的課堂裡，教官告訴大家，在歷史上，很多軍人都曾立下守貧誓言。他說：「在封建時期，很多騎士立下守貧誓言，以保證自己只聽從內心深處的召喚，他們不願金錢或其他物質利益影響到他們對上帝和國王的忠誠。」

加入海軍陸戰隊前，我為加州的標準石油公司工作，是一名月薪四千美元的船員，在那時算是很高的收入了。石油屬於戰略工業，所以我本來可以免服兵役，但我的兩位父親都鼓勵我為國效命。當兵之後，我的收入變成一個月三百美元。當我坐在教室裡聽著教官講述守貧誓言時，我才終於明白「艱苦」一詞的含義，那是多年前我爸爸沒有向我解釋的。

三種財富與收入

在以前的書中，我曾講到過三種收入。它們是：

1. 賺來的收入
2. 組合收入
3. 被動收入

我的窮爸爸的收入是「賺來的收入」，也就是高稅率的收入。我的富爸爸的收入則主要是「被動收入」，即低稅率的收入。

稅務部門對三種收入課以不同的稅，一名創業者可以選擇為這三種收入中的任何一種工作，也應當瞭解它們之間的稅率差別，因為這種差別可能會對收益產生重大的影響。在此提到這個問題不為別的，只是不希望你們將之與我下面要談論到的「三種財富」問題弄混。

我還在上中學時就聽富爸爸說過，人們為三種不同的財富而工作：

 收入可分為：賺來的收入、組合收入和被動收入。

1. 競爭財富
2. 合作財富
3. 精神財富

競爭財富

在解釋競爭財富時，富爸爸說：「我們在人生的早期就學會了競爭。在學校裡，我們為好成績競爭、為體育比賽競爭、為得到自己的意中人競爭；在工作中，我們為職位、加薪、晉級、獎勵、生存競爭；在商業世界裡，公司為客戶、市場大小、合約和人才而競爭。競爭就是適者生存，也是大魚吃小魚，大多數人都在為競爭財富而工作。」

合作財富

富爸爸是這樣解釋合作財富的：「在體育比賽和商業世界裡，合作被稱為團隊工作。最富有和最優秀的創業者都是藉由合作創建世界一流的公司，也因為合作變得更有競爭力。多數大公司的負責人都是優秀的團隊領導者。」

精神財富

精神財富解釋起來有點兒難。富爸爸說：「精神財富是藉由從事上帝的工作獲得的，也就是做上帝想做的事。這時，工作是為了回應更高的召喚。」

我還是不太明白富爸爸的意思，於是問道：「你是說建教堂之類的？」他的回答是：「確實有創業者會去建教堂，就像有創業者開辦慈善機構一樣。這都是為精神財富工作的例子，但精神財富並不僅限於教堂或慈善事業。」

這種分類方法困擾了我多年，我經常跟他談起這個問題。其中有一次，他說道：「多數人只為錢工作，除了錢沒有其他任何目的；他們不在意自己獲得的是競爭財富、合作財富，還是精神財富，錢就是他們工作的理由。如果你出兩倍的錢讓他們停止工作，他們一定會停止。」

「你是說他們不會無償工作嗎？」我傻傻地問。

「當然不會。你要是不付錢，絕大多數人都會離開去找新工作。有人可能願意幫助你，但他們需要薪資，他們得養家糊口；他們需要錢，他們選擇工作的標準也是看誰付的薪資高、福利好。」

「那麼為精神財富工作就是指熱愛你所做的事，做你熱愛的事囉？」

「不，」富爸爸笑著說，「做你喜歡做的事還不是我所說的精神財富。」

「那到底什麼才是精神財富呢？」我問：「只有工作不求回報時才是？」

「不，也不是這樣的。這並不是有償無償的問題，因為精神財富並不完全是指錢。」

「不是錢？那是什麼？」我繼續追問。

「是指你做一項工作不是因為喜歡它，而是因為你知道自己應該去做。在內心深處，你明白自己應該去做。」

「我怎麼會知道自己應該去做它？」我問。

「因為若沒有人去做它，你會覺得不安。你會對自己說，『怎麼會沒人去做這件事呢？』」

「你會為此而生氣嗎？」我問。

「哦，是的。」富爸爸輕聲說：「你也會為此而難過、傷心。你會感覺這是不公平的，是一種罪過，可能會讓你懷疑自己。」

「很多人在一生中都經歷過這樣的感覺嗎？」我問。

「是的，但很多人對此無能為力。他們會說，『政府怎麼會什麼都不管呢？』或是寫信向媒體提出批評。」

「但他們還是袖手旁觀。」我接道。

「在多數情況下，他們什麼都不去做。他們會談論、會抱怨，但不會為此做什麼。畢竟他們太忙於上班、忙於賺錢、忙於帶孩子上迪士尼了。」

「如果他們做點什麼，那又會怎樣呢？」我問。「會有什麼樣的結果？」

「如果他們真的有誠心解決問題，我想這個宇宙中的一些無形的力量都會支援他們的，奇蹟可能會降臨到他們身上。這時就輪到精神財富出場了。但這遠遠不止是錢的事，會有陌生人聚集到你身邊和你共同奮鬥，不是為了錢，而是為了使命。」

「他們為什麼會加入呢？」我問。

「因為他們感受到了同樣的使命。」

那天我們就聊到這裡，結果第二天我就受到了考驗。那時我的使命是從高中畢業。

發揮你的天賦

大約過了一年，我們又提起精神財富這個話題。「如果我只是去做一件我知道自己應該做的事，那麼我就會得到天助、獲得精神財富嗎？」

富爸爸笑了，他說：「可能會，也可能不會，決定的人不是我。我只能說，吸引老天爺幫助你的一個重要辦法就是努力發揮你的天賦。」

「什麼？」我一頭霧水。「發揮天賦？這是什麼意思啊？」

「一種上天賜予的才能，」富爸爸答道，「一些你擅長的東西，上天特別賦予你的東西。」

「那會是什麼呢？」我問道：「我不知道我有什麼天賦。」

「哦，你會知道的。」

「每個人都有天賦嗎？」

「我覺得是。」富爸爸笑著說。

「如果每個人都有天賦，那為什麼好多人連平均水準都達不到呢？」我問。

富爸爸大笑起來，半晌才止住笑說：「那是因為，找到你的天賦、開發你的天賦、發揮你的天賦是件非常艱苦的工作，好多人沒那麼努力。」

我又糊塗了。我覺得如果上天給予我們一種天賦，那就應該是顯而易見的，也該是拿來就能用的。我讓富爸爸再解釋一下，他說道：「偉大的醫生要在學校裡學習很久，然後再臨床實踐很久，才能把他們的天賦開發出來。偉大的高爾夫球運動員也要經過多年的練習才能發揮出天賦。雖然也有神童這樣的特例，但多數人必須花力氣去尋找和開發自己的天賦。不幸的是，這個世界上滿是天賦被埋沒的人。發現天賦是一項艱苦的工作，發展自己的天賦則更辛苦。這就是好多人一生都庸庸碌碌的原因了。」

「這就是為什麼專業運動員比業餘愛好者更辛苦練習？」我問道。

 找到、發揮天賦是很困難的事，很多人輕易就放棄了。

「因為他們更有決心，更想提高自己的能力和技巧以開發出自己的天賦。」富爸爸點了點頭。

這一課我還得慢慢消化才行。談話結束了，但我已經把它記在了心裡。

優秀是卓越的敵人

我向那些追求卓越的朋友推薦兩本書。第一本是吉姆・科林斯的《從A到$^{+}$A》。我們已經組織了五次此書的閱讀和學習小組，每次深入討論都有新的啟發。另一本書是史蒂文・普萊斯菲爾德的《戰爭的藝術》（The War of Art），它討論了每個人超越自我的過程。我強烈推薦每位想成為偉大創業者的人士好好閱讀這兩本書。

《從A到$^{+}$A》的第一章概括了書的主旨。科林斯是這樣寫的：「優秀是卓越的敵人。」

順著個人天賦這個論題，我們會發現，這個世界上到處都是優秀的商人、優秀的運動員、優秀的父母、優秀的工作者和優秀的政府。而這個世界上缺少的是卓越的商人、卓越的運動員、卓越的父母、卓越的工作者和卓越的政府。為什麼呢？因為對我們中的多數人來說，做到優秀就已經足夠好了。如果我的富爸爸今天在這兒，他會說：「發揮天賦就是要發揮出你的卓越潛力，而不僅僅是達到優秀的程度。」

《從A到$^{+}$A》中充滿了對大大小小的企業的啟示。在我們的學習小組中，每個人都能找到一些似乎是專門針對他本人而提的建議，對我個人觸動最深的一課則是「卓越是一種選擇」。達到卓越不是因為你比他人更有天賦、更有才華或更幸運，而是每個人都能做的一種選擇。

在一生的大部分時間中，我都只能算是一個平庸之輩，但我卻可以選擇改變這一切——書中談到的這一點深入我心。

克服你的阻力

在《戰爭的藝術》中，史蒂文・普萊斯菲爾德指出，惰性是阻礙我們每個人前進的內在力量。我太瞭解這種叫做惰性的東西了，它總是在我的生活中以不同的名字出現，扮演著不同的角色。早晨，我的惰性就改名為「胖子」。每天我醒過來，看著鬧鐘對自己說：「該出去鍛鍊了。」身體深處就響起「胖子」的聲音：「哦，不，今天就算了吧。你不太舒服，再說外面又很冷。明天再去鍛鍊吧。」我身體中的「胖子」總是更喜歡吃，而不是鍛鍊。

有時，惰性會以其他偽裝的面目出現。我遇到過各式各樣的惰性。除「胖子」外，它的另一個角色是「懶丈夫」。這傢伙總是愛問：「這事為何不讓金去做呢？」還有一個角色是「財務笨蛋」，這傢伙總是對我說：「為何要費力核對呢？」接著「懶丈夫」會立刻插進來說：「金，你來查一查這些吧？」你們也知道，「胖子」、「財務笨蛋」和「懶丈夫」都和我形影不離。普萊斯菲爾德管這叫「惰性」，我則叫它們「我的老夥計」。

史蒂文・普萊斯菲爾德在書中寫到，要想克服惰性，需要喚醒自己的創造力、精神力量和高尚情操。我要說，這本書對創業者來說十分重要，它並不是給那些財迷心竅的人讀的。和《從A到⁺A》一樣，《戰爭的藝術》中包含了很多寶貴的經驗，其中有一章「專業人士和業餘愛好者」，談論的就是天賦這一問題：

那些被惰性嚇退的藝術家都有一個特徵，即他們的行為方式都更像業餘愛好者，他們的態度還不夠積極。

需要明確的是：我所說的「專業人士」並不具體指醫生或律師，而是一個泛指的概念，和「業餘愛好者」相對。以下是兩者之間的區別：

愛好者為樂趣而做事，專業人士為責任而做事。

對愛好者來說，他們所做的事情是副業；對專業人士來說，他們所做的事情是使命。

愛好者只投入部分時間做事，專業人士投入的是全部時間。

愛好者通常只在周末顧及他們的愛好，專業人士一周七天都如此。

愛好者一詞來自拉丁語的「愛」。傳統的觀點認為，愛好者是出於熱愛而做某件事，而專業人士卻是為了錢。我卻不這麼看。在我看來，愛好者對一件事愛得還不夠，否則的話，他們絕不會只把它當成副業而不肯貢獻出全部時間。而專業人士對一件事的熱情要大得多，他們願意為此奉獻畢生精力，毫無保留。

這就是我所說的積極。

惰性最恨人變得積極。

 容易被惰性嚇退，代表對目標不夠積極，對愛好也愛得不夠。

一夜成名

一位新聞記者曾經這樣報導「富爸爸」系列書的成功：「該書作家一夜成名。在《紐約時報》暢銷書排行榜的歷史上，只有三本書曾比清崎的《富爸爸，窮爸爸》上榜時間更長。很多作家寫作多年、著作品甚豐，其作品卻從未登上過《紐約時報》暢銷書榜一天。」

報導中的「一夜成名」和「作家」兩個詞讓我感到好笑，我從未把自己當成作家。而我的成功也絕不是「一夜成名」這麼簡單。我只是一個找到了自己的使命的人。我為這個使命工作了多年，並且與我的合夥人們共同為之奮鬥，寫書只是完成這項使命的諸多工作之一。我真盼著自己可以不必寫書。自從十五歲那年因寫作不佳而英文不及格之後，我就一直對寫作懷有一種牴觸情緒。很多年我都憎恨寫作，把它當成最困難的事。相比之下，其他的溝通方式對我來說就容易多了，我也更樂意採用，比如面對面交流或視訊。儘管如此，「富爸爸」系列書卻被《今日美國》報導為連續好幾年成為美國最暢銷的商業類書籍。

曾經六次贏得環法自行車賽冠軍的蘭斯‧阿姆斯壯可能是有史以來最偉大的自行車運動員之一，然而他一生中最偉大的一場戰鬥卻是在事業巔峰期征服癌症。相比之下，我卻總是因為天冷而不願意起床鍛鍊。阿姆斯壯罹患癌症，卻仍然是全世界最優秀的運動員。他的專業精神和對體育事業的熱愛，對我們所有人都是一種感召——無論我們從事的是什麼事業。正如他在他的《與自行車無關》（It's Not About the Bike）一書中所說的：

「我開始把癌症看成上天賜予我的一次為他人奉獻的機會。我所想到的只是，我現在有了一個全新的使命，對待它要比對待這個世界上的任何事都認真。」

與金錢無關

記者們經常問我的另一個問題是：「你為什麼還繼續工作呢？如果你的錢已經賺夠了，為什麼不徹底休息？」就像蘭斯‧阿姆斯壯所說的「與自行車無關」。對我來說，這一切也「與金錢無關」，它關係的是使命。

一九七四年，我看到我的窮爸爸坐在家裡，潦倒落魄地看著電視，那一刻我就找到了我的使命。看到他坐在那兒，我似乎認清了自己的未來。我不僅要為他奮鬥，也要為這個世界上更多的人奮鬥。

在這個世界上，還有成百上千萬的人像我爸爸一樣，他們聰明、有教養、工作勤奮，卻需要依賴政府提供吃住和醫療。這是一個世界普遍現象，甚至在最富有的國家，比如美國、英國、日本、德國、法國和義大利也一樣。

在一九七四年，我就意識到問題的癥結所在：有太多人像我爸爸那樣依靠政府養活。我的富爸爸預見到問題會發展到更嚴重的程度，甚至會使社會保障和醫療保險成為全國乃至全世界的問題。未來有一天，世界上最富有的國家裡會滿是依賴政府救濟的窮人。

一九七四年，當我的窮爸爸建議我「回學校去讀個博士，然後找個好工作」時，我就已經找到了我的使命；但那時我還尚未意識到這一點，我只是清楚地知道爸爸的建議無法讓我信服。在一九七四年，當我看到他縮在沙發裡抽菸、看電視，沒工作可做，就等著政府的那一點兒津貼時，我便知道他的建議存在著巨大的錯誤。時代變了，他的觀念卻沒變。

有一句很有名的話：「通用汽車在，美國就還在。」然而在二〇〇五年三月，被人們看成是金飯碗的通用汽車也宣布減少員工薪酬和福利。而時至二〇〇五年，父母和老師們還在教育孩子們「好好讀書，將來找個待遇好的工作」。我毫不懷疑再這樣下去，一九七四年發生在我父親身上的命運會在很多人身上重演。

為何光做自己喜愛的事還不夠？

我總是聽到人們說「我正在做我喜愛的事」，以及「做自己喜愛的事，金錢會隨之而來」。這聽起來雖然不錯，但尚有不足。其中最明顯的錯誤就是「我」這個字。一個人真正的使命是關乎「你愛的人」，而不是「你」。這項使命是關於「你為誰工作」，而不是你為自己做什麼。

在書裡，蘭斯・阿姆斯壯接下去說：

「我獲得了一種新的目的感，而這與我的榮譽和自行車生涯無關。有些人可能不會理解，但我感覺，我在生活中的角色不再只是一名自行車運動員，可能我的角色變成了癌症倖存者。如今，與我關係最緊密的人、讓我感到最親近的人就是那些和我一樣正在和癌症奮戰的人。他們和我都問著同樣的問題，那就是『我能活下去嗎？』」

與「你」無關

前一陣子，一位朋友跟我談到了他的妹妹，她本來是一名辦公室經理，不久前加入了一家直銷公司。他告訴我：「她讀過你的書，決心從直銷公司開始創業。」

「那很好。」我說。

「你能跟她見面聊聊嗎？」

我怎麼能拒絕呢？他是我的朋友，我答應了。

那位女士在午休時間過來見我。「那麼，你為什麼要加入這家公司並且決心自己創業呢？」我問她。

「哦，因為我厭倦了。原來的工作沒有前途。我看了你的那本《富爸爸商學院》，裡面說到了直銷公司的種種好處，所以我決定從這兒起步。我已經交了辭職信，再過一個月就可以靠自己了。」

「你很有勇氣啊。」我稱讚道：「告訴我你加入直銷公司的原因是什麼？」

「哦，我非常喜歡他們的產品，他們的培訓看起來也不錯。但我真正喜歡的還是他們的報酬體制——很快就能賺大錢。」

「ＯＫ。」我忍住了沒有對她的出發點做出批評。「你打算怎麼做呢？」

我們的談話又持續了半個多小時。其實我們真沒什麼可討論的，因為她只是剛剛開始。為對我的朋友負責，我請她過六個月再打電話給我，告訴我她做得怎麼樣。我想那時她會有一些更實際的問題要問我。

六個月的失敗

六個月還沒到，她就打了電話來，想要跟我面談。我們的第二次見面有個不愉快的開始。

「我情況不太好，」她開口道，「沒人想聽我推銷，也沒人買我的東西。我一提到直銷，他們就是一副拒人於千里之外的表情。要是他們連一句話都不肯聽，我怎麼能賺到錢呢？」

「那你參加了公司的培訓嗎？」我問。

「沒有，我不想去。」她惱火地說：「他們只知道逼著人練習銷售。我不想被強迫。他們還想叫我把朋友帶去，但我的朋友們不會去的。」

「好吧，」我低聲說，「那你有沒有讀一些有關銷售的書呢？」

「沒有。我不愛讀書。」

「好吧，如果你不愛讀書的話，有沒有去上個銷售訓練班？」

「沒有，那些人只想賺我的錢，我可不想把錢給他們。」

「好吧，」我說，「那你想做什麼？」

「我想做的就是一周只工作幾個小時，收入很高，這樣就有很多錢和很多時間來享受生活了。」

「知道了。」我開始偷偷笑了。

「那麼，請你告訴我該怎麼辦吧。」她對我的失望已經寫在了臉上。

「試試能不能把你原來的工作找回來。」我建議道。

「你是在說，我不可能建立自己的公司嗎？」她問道。

「不，我可沒這麼說。」

「那你指的是什麼？」她問：「人家說你是聰明人，又寫了那麼多暢銷書。告訴我你是怎麼想的吧，我受得了。」

「好吧，」我的語調變得嚴肅起來，「你有沒有注意到，你在和我談話時用了多少個『我』呢？」

「沒注意，」她答道，「這有什麼關係嗎？」

「是這樣的，我聽到你說，『我情況不好』、『我不想上培訓課』、『我不愛讀書』。」

「嗯，我確實說了很多『我』。那又怎麼樣呢？」

我盡量溫和地說道：「因為建立一家公司與『你』無關，而是與其他人有關。是與你的團隊、你的顧客、你的老師、以及你能如何為這些人服務有關。聽起來你相當以自我為中心，相當『自我』導向。」

很顯然，她不喜歡這樣的話。不過她還是靠回到椅子上，靜靜聽了下去。我可以看出她聽進了我的話，同時也在思考著。她理了理思路，然後答道：「但我真的是不愛讀書，也不愛上培訓課。我真的討厭被拒絕。我恨那

 建立一家公司和創業者無關，而是和公司服務的對象有關。

些死腦筋，他們就是不肯買我推薦給他們的東西。我恨自己在精神上所受的折磨，也恨自己一無所獲。」

我緩緩點了點頭，溫和地說道：「我理解，我也體驗過同樣的心情。我也討厭讀書、討厭學習、討厭培訓、討厭付諮詢費、討厭長時間工作卻沒收入。但我還是都做了。」

「那為什麼？」她問道。

「因為我不是為我自己做的。我的工作與我無關，而與其他人有關。」

「那麼你學習是為了更好地為他們服務，為你的顧客服務？」

「沒錯，」我答道，「不光是為我的顧客。我之所以學習、培訓、練習，是為了他們的家人、他們的社區，為了一個更美好的世界。這與我無關，也與錢無關，而是與服務有關。」

「哦，其實我也樂於服務他人，」她迫不及待地插話道，「我一向很喜歡幫助人。」

「是的，我能看出你有一副好心腸。問題是，你首先得有服務的資格。」

「資格？你指的是什麼？」

「你看，醫生要先念很多年醫學院，才具備為患者診治的資格。我還不認識有誰頭一天還是辦公室經理，第二天就上手術臺去幫別人的眼睛開刀。你認識這樣的人嗎？」

「不。」她搖著頭說道：「這就是為什麼我需要學習、參加培訓和練習的原因了？因為這和我無關，而和我要服務的人有關，對嗎？」

我們的討論又持續了一個多小時。她確實是個好心人，而且非常真誠地想為別人服務。她所要做的只是獲取自己所需的技能。我向她解釋了P型、A型、T型和C型思考者的區別，並且告訴她，她正在從直銷公司學到寶貴的P型思考技巧。臨別時我對她說：「任何生意中最困難的部分，都是和人打交道。」

我們還談到了《從A到$^{+}$A》那本書，談到了卓越是一種選擇，而非來自於運氣或機會。為鼓勵她繼續幹下去，我說道：「你的公司想要培養你們的，不是讓你們在與人交往方面做到優秀，而是讓你們做到卓越。這是一種寶貴的技能，有助於你為他人服務。但只有你自己才能做出這一選擇。大多數人只做到優秀就心滿意足了，因為他們只需要服務自己。」

她走之前又問：「可是，任何人做生意不都得為別人服務嗎？」

我答道：「根據我的經驗，多數人工作只是為了賺錢。只有很少的人是為了服務別人。不同的人，不同的使命。」

在下一章裡，我會講到如何把帶有不同使命的各種人團結在一起，組成一個優秀團隊。這是很重要的一點，因為人們各自帶著不同的目的來工作，如果他們的目的與公司的使命相衝突，結果往往會一塌糊塗，還將造成金錢和時間的損失。很多企業失敗的原因也在於人與人的差異。

使命的力量

在越南，我親眼目睹了一個第三世界國家是如何打敗世界上最強大的國家。原因就在於他們擁有更強大的使命感。在當今的商業世界中，我也看到過同樣的例子，像微軟、戴爾、Google、雅虎這樣一批創業公司從小到大成長起來，打敗了那些強大的強勢公司，並為創業者帶來了無盡的財富。在強勢公司的高管當上百萬富翁的同時，這些年輕的創業者正在成為億萬富翁。就像越戰勝負一樣，一切與規模無關，而是與使命的大小有關。這就是為什麼我花了這麼長時間來討論這個話題。

在本書前面的部分，我已經談到過我創業生涯的三個階段，也就是：

1. 一九七四到一九八四年，學習階段；
2. 一九八四到一九九四年，收益階段；
3. 一九九四到二〇〇四年，回報階段。

一九七四年，我在努力掌握B-I三角的學問。我的使命是學習。那是我人生中的一個灰暗時期。我經常遭受挫折，也時常心灰意冷，是使命讓我堅持了下來。有的時候，我一連努力好幾個月，卻一事無成。但只要一想到我爸爸縮在沙發裡看電視的情景，我就知道我不是在為自己學習，而是為了千千萬萬像他那樣的人學習。

一九八〇年前後，我的世界開始光明起來。我嚐到了財源滾滾來的滋味。我已經學習了B-I三角從現金流到產品的各個層次。一九八〇年，我們把

 人各自帶著不同的目的來工作，如果他們的目的和公司使命衝突，結果就是一場糊塗。

工廠遷移到海外，因為韓國和臺灣的生產成本比美國低。在那次旅行中，我第一次親眼看到了「血汗工廠」的真實景象：童工一個挨一個地坐在那兒，為我們生產產品——那些為我們帶來財富的產品。

那時我們為搖滾樂隊生產尼龍錢包、背包和帽子。我們的產品經過正規授權，在搖滾音樂會上和世界各地的唱片行裡出售。我登上了事業的一個高峰，但「血汗工廠」裡那些童工的形象在我腦海中始終揮之不去。

我知道我作為製造業創業者的日子該要結束了，我的學習使命也已改變。是時候繼續前進了。

一九八四年十二月，金和我搬家到加州。一九八五年成為我一生中最灰暗的一年，我在《富爸爸，有錢有理》中描述過那個階段。我的使命與過去類似，但有所發展。現在我的使命變成找出自己的天賦並發展它。我還需要藉由這種天賦來創造金錢和財富。

激情與喜愛不同。激情是愛和憤怒的一種混合體。我熱愛學習，卻對學校體制充滿憤怒。在這種激情的鼓舞下，金和我開始研究如何辦教育以及如何指導人們學習。整個一九八五年我們到處旅行，去向安東尼•羅賓斯等一批偉大的老師們取經。有一週，我們協助安東尼訓練學員走過兩千度的熱炭。那是幫助人們克服恐懼和挑戰心理極限的絕佳方法。

一年之後，金和我開始自起爐灶，教授創業技巧。那時我們和布萊爾·辛格合作，他也是「富爸爸顧問」系列中《富爸爸銷售狗》和《富爸爸：打造成功商業團隊ＡＢＣ》兩本書的作者。

直到今天，想起我們的第一個培訓班，布萊爾和我都還會笑出聲來。我們倆飛到茂宜島去講課，結果只來了兩個學員。雖然開場有些淒慘，我們還是堅持下來，創辦了「創業者商學院」和「投資者商學院」。五年後，到一九九〇年，我們的課堂裡每次都坐著好幾百人，我們把富爸爸的商業和投資原則教授給學員們。到一九九四年時，金和我實現了財務自由。布萊爾則開辦了他自己的公司，繼續從事商業培訓。最重要的是，我找到了我的天賦，也就是教學，但和我的窮爸爸以前的那種教學不同。

一九九四年我退休了，開始開發「現金流１０１」遊戲和寫作《富爸爸，窮爸爸》。我們的第三項使命是：以財務和商業教育的形式把我們獲得的一切回報給社會。我們的任務是服務更多的人……而一旦你開始做了，金錢也會像變戲法一樣滾滾而來。

金和我經常笑著回憶起信用卡公司打電話抱怨我們交易太多的那一幕。在週末辦了一場演講後，訂單就開始湧進來了，全是來訂貨的。信用卡公司不相信正規生意會有這麼大的交易量，猜測我們一定是在銷售毒品或槍支，甚至想凍結我們的帳戶。銀行行長告訴我們：「我不相信一個剛成立的公司這麼快就能收入這麼多現金。」他不知道，是使命的力量和我們對三種財富——競爭財富、合作財富和精神財富——的認識讓我們的電話鈴響個不停。

我衷心認為，富爸爸公司的成功並非來自於金和我個人，更來自於很多為我們的使命奮鬥的人的努力。我們三人創建富爸爸公司時，我們三人都不需要靠工作來賺錢。如果是為錢的話，我們會去做些別的。

如果說我們的成功是一種幸運，那麼它也是一種精神上的幸運，沒有其他原因可以解釋。只能說，我們三人的能力結合在一起，產生了太多的奇蹟。史蒂文・普萊斯菲爾德在《戰爭的藝術》一書中寫道：「程式是一些事先設定的行為，使得上帝的幫助準確地降臨到我們身上。我們的動機喚起了無形的力量，它們又會進一步加強我們的目標。」蘭斯・阿姆斯壯則說道：「這與自行車無關。」

你的使命來自於你的核心價值

在你辭職之前，請記住這三種財富的區別。我並不是說哪一種一定更好，比如說，競爭財富並不一定比合作財富或精神財富更壞或更好。

競爭在商業世界中有著重要的地位。是競爭導致產品的價格下降、質量提升，它也讓創業者們保持清醒和警覺。如果沒有競爭存在，這個世界上可能就不會出現什麼新產品或劃時代的創新。沒有競爭，我們的經濟可能會變成中央計畫經濟；沒有競爭，創業者也就沒有了動力。

如果你想成為一名創業者的話，你的第一項任務就是掌握B-I三角，尤其是從現金流到產品的各個層面。不懂得這些你就沒有競爭力，也無法生存。

如果你缺乏競爭力，也就很難與人合作、創造共同的財富。在商業遊戲中，總是強強聯手，沒有人願意和差勁的公司合作，因為那就像和瘸腿的隊友一起打橄欖球一樣。

我在前面的章節中談到過，B-I三角實際上適用於全部四個現金流象限。

比如說，E象限的人士們也有自己的B-I三角。在遇到財務問題時，如果藉由B-I三角來分析原因會十分有效。比如說，很多雇員的財務狀況岌岌可危，原因在於對現金流管理不善。即使你為他們加薪，也無助於改善他們的處境。

海軍教會我組織的使命來自於核心價值，也在那組織的靈魂裡。沒有連繫到一個使命，一個組織將沒有靈魂。富爸爸公司團隊練習都我們所教的和活出我們公司的使命。我們鼓勵所有的員工開創自己的事業，鼓勵他們離開公司去追求更好的發展。我們不需要傳統意義上的「忠誠」員工，而是需要能做出財務自由規劃，並且有朝一日會離開公司的「忠誠」員工。我們不希望好員工離開，但是我們卻慶祝他們獲得財務自由，因為這正是公司的使命所在。

所以，在你辭職之前，請記住「使命」是你核心的出發點。它發自你的內心，請用行動表達，而不是只用文字。

第七章

怎樣從小公司成長為大公司

Before you Quit Your Job

「為什麼很多小生意始終都做不大呢？」我問道。

「好問題。他們始終都做不大，是因為他們的B-I三角有缺陷。」富爸爸答道：「如果B-I三角不夠強大的話，要想從S象限進入B象限是很困難的。」

倒閉之後

有個說法叫「事後諸葛」，的確，事後聰明是容易的，但事後聰明也有高下之分。一些像B-I三角和現金流象限之類的圖形不僅幫助我設計未來的商業模式，也幫我評價過去。在我的尼龍錢包生意失敗之後，我再從B-I三角和現金流象限的角度去回顧失敗的過程，就像擦亮了眼睛一樣，把很多事情看得清清楚楚。

很顯然，讓我們失敗的原因是：我們的能力跟不上我們的成功。還有，在成功的表層之下，一些潛在的問題早就存在，直到把我們搞垮。從客觀的角度評價自己並從現金流象限的角度去分析，一切都那麼顯而易見。真正的原因還是我們年少輕狂，年紀輕輕就擁有一家成功企業的感覺就像是一個小孩子得到一輛跑車和幾箱啤酒——就算別人教導他要「注意安全駕駛」，又有什麼用？

我們的年輕自大也可以從下面的象限中看出來。

一九七六年，我最好的朋友賴瑞・克拉克和我還處於E象限之中，我們都是全錄公司的銷售員。我們的銷售業績最高，我們以為自己知道所有的答案。在商業計畫中，我們以為自己可以像艾維・奈維爾一樣騎著摩托車飛躍大峽谷——也就是一下子從E跳到B，而不是從E到S、再到B。這就像翻越峽谷時不是先下到谷底再爬上另一側的岩壁，而是從這個山頂直接跳到那個山頂。就連艾維・奈維爾也知道給自己的摩托車加上一頂降落傘，我們卻沒有。

我們沒能成為艾維・奈維爾，卻衝出懸崖邊緣飛到天空上，才發現腳下除了空氣什麼都沒有。到了一九七八、一九七九年，我們開始意識到我們的腳下只有空氣。我們幾乎已經成功地進入了B象限，事實上我們幾乎已經夠到了那邊的山崖，卻因為B-I三角太過薄弱而掉了下去。那感覺可不怎麼美妙，我們摔得死去活來。今天，我一看到卡通片裡向前衝過了頭摔下山崖的場景，就特別能理解那種感覺。

摔下去是好事——如果你能活下來

一九七九到一九八一年之間，我的任務和國家交通安全委員會的工作人員差不多——檢查一架飛機的殘骸。我的合夥人離開我去創辦新的生意，又有兩名合夥人加入了進來，其中之一是我的兄弟喬恩。他不僅是一個出色的商業合作夥伴，也為我提供了強大的精神支援。我們在一起檢查了上一架飛機的殘骸，然後重新建起一家公司，但規模比以前的小。我們從B象限回到了S象限。

一九八一年，我們公司和當地一家電台合作，創辦了一檔商業節目。如今，它被認為是有史以來最成功的電台商業節目。我們還和電台一起開發了名為「九八滾石」的商品品牌。我們的明星產品是一種黑色T恤，上面印著檀香山九八滾石的紅白標誌。在檀香山，成千的孩子湧進我們的九八滾石商店瘋搶我們的T恤衫和其他產品。

我們的產品線迅速向全世界擴張，在日本尤其成功。看到成百上千的日本小孩湧向東京的一家九八滾石店，多年未見的笑容再次浮現在我臉上。在我跟富爸爸講到我們的成就時，他提醒我：「過程能讓你瞥一眼未來，但你還得踏踏實實地沿著這個過程走下去。」那時雖然我還沒完全擺脫困境，但我知道自己已經離目標更近了一步。那個雖然艱苦卻別無選擇的「過程」就是工作。

九八滾石掀起的狂熱持續了差不多十八個月。它為我賺來了很多錢。憑著這一次行銷戰役的勝利，我還清了七十萬美元的貸款和拖欠的稅款。這時我的資產負債回到了零。雖然還是沒有錢，我在B-I三角上的各項技能卻加強了，也找回了自信，學會了如何把壞運氣變成好運氣。我沒有宣布破產，而是再一次瞥見了未來的幸福生活——旅程盡頭的未來。

一九八一年，平克・弗洛伊德樂團的經紀人打電話來，他聽說了九八滾石的成功，希望能一起合作重新發行樂隊專輯「牆」。這無疑是一個好機會。就這樣，我們的小公司再一次成長成了大公司。在這個過程中，我們公司的B-I三角再一次經受了考驗。

我們和平克・弗洛伊德樂隊合作開發的產品非常成功。很快，其他的樂隊也向我們拋來了機會，我們在檀香山的小公司成了生產開發搖滾樂隊附屬產品的專家。在杜蘭・杜蘭和范・海倫進入我們的合作名單之後，我們的生意更是興隆。一九八二年前後，出現了MTV，這就意味著搖滾樂捲土重來，迪斯可退出了歷史舞臺。我們的生意規模再一次顯得有些跟不上了，我們占盡了天時地利人和，生產規模卻無法滿足需求。我們也知道不能再在美國生產產品了——這裡的法律成本及勞動力成本對於一家小公司來說顯得太高。為進一步擴張生意，將生產工廠轉移到亞洲是更為經濟的選擇。

為了實現擴張到亞洲的計畫，我們三個合夥人夜以繼日地工作了大約六個月。我主要在紐約和舊金山，我們的另一個合夥人戴維在臺灣和韓國，我的兄弟喬恩則留在檀香山維持公司的日常營運。處在跨越了大半個地球的不同時區裡，我們也從不間斷電話聯繫（那時還沒有手機和電子郵件）。我們在一起打造一個強大的B-I三角。隨著這個三角愈建愈大，錢也大筆大筆地賺了進來。

有時我會放下手裡的工作，跑去拜訪富爸爸。這段時期我們的關係不算太融洽，他因為我做錢包生意時不聽他的意見而犯下的錯誤生氣。我告訴他我又做起錢包生意，而且汲取了很多經驗，他還是有些不高興。儘管如此，他依然毫無保留地提出新的建議。

回頭想想，重建我們的生意是一個寶貴的經驗。我的兩位新合夥人也都學到了很多，成長了不少。我們不再誇誇其談，而是變成了聰明的生意人——我們的現金流就是證明。我們的新B-I三角不再是搖搖欲墜的，而是穩穩當當地站了起來。

有一天，我的合夥人戴維建議我和他一起去一次韓國和臺灣，去看看我們設在那裡的工廠。此前，在他建立工廠期間，我一直待在舊金山和紐約，而從未去亞洲訪問過。就像我在前面說過的，我就是在那次訪問亞洲期間看到了「血汗工廠」的情景，我的製造商生涯也就此結束了。

已完成的使命

從亞洲飛回夏威夷的飛機上，我意識到我的使命已經完成了，我開始回顧自己走過的路。一切都像發生在昨天：一九七四年我決心進入全錄公司學習銷售，一九七六年我和賴瑞決定在業餘時間籌辦我們的尼龍錢包生意；一九七八年，當我成為全錄的最佳銷售員之後，我們的錢包也登上了

《GQ》、《跑步者世界》和《花花公子》。

賴瑞和我離開全錄，開始全職經營我們的小買賣，我還記得其間所有的起伏波折。我回想起自己如何向家人、債主和稅務局宣布我們的生意倒閉，心也跟著沉了下去。我還記得那段時間富爸爸給我的教訓。而當我想到喬恩和戴維決定和我重新創業，並且成功地運作了九八滾石和搖滾樂隊的生意時，笑容又浮現在我的臉上。如今，公司已經強大而健康，該是我繼續前進的時候了。頭腦深處卻有一個聲音說：「留下來吧，現在正是賺大錢的時候，你剛剛回到了巔峰。為何要現在離開呢？最困難的工作已經完成，你正要發大財，你的夢想正要變成現實。」然而在我心中，我知道現在必須奔向下一個目標了。

下定這樣的決心很困難，尤其是在我們的生意正在浪頭上。我的頭腦和內心交鋒了幾個月。有很多次，當我拿到分紅支票時，我都告訴自己還是應該留下。然而，我知道自己學習B-I三角基礎知識的使命已經完成了。現在我在商業世界中已經具備了競爭力。問題在於，我痛恨為了保持這種競爭力而不得不去做的事。我不想讓童工在可怕的條件下為我們打工，這樣的經歷可能會毀掉他們的一生。一九八三年底，我告訴戴維和我的兄弟喬恩我要離開了。我沒有要求任何經濟補償，因為我得到的已經比當初想像的多得多。

與金相遇

就在我準備改變自己的生活時，我遇到了金，那時候我還是威基基夜總會的迪斯可狂。我在幾個月前就認識了她，但她顯然不願與我交往，一定是我的高領襯衫和迪斯可靴令她生厭了，不過沒關係，威基基的迷人女郎很多。

但不知何故，我從亞洲回來後，總是不自覺地想起金。我再次約她，她則再次拒絕了。這種情形持續了六個月。總是我跑去找她，試圖和她聊天，約她出去，再碰一鼻子灰。我打電話給她，她拒絕；我送花去，她也不收；我把銷售訓練中學到的所有技巧都用到她身上，我嘗試了「小狗狗成交法」、「假設銷售成交法」……但在她身上都毫無效果。

最後，我黔驢技窮，只好放棄了我那一套迪斯可狂加推銷員的伎倆，把我在夜校裡學到的行銷方法用了起來。行銷學的一個首要原則是做市場調研，我開始想方設法四處打聽這個叫金的女孩兒到底是一個什麼樣的人，在行銷學裡，這就叫「瞭解客戶」。

我找到的第一個人是她的一位同事。當我開始提問時，他大笑起來：「你沒戲唱了，你知道有多少人在追她嗎？她每天都能收到像你這種人的卡片、鮮花和電話。她可能連你們誰是誰都分不清。」

他的話對我並不太有幫助。但我依然堅持不懈地挖掘資訊。有一天，我和我的一位女性朋友菲麗絲共進午餐，我告訴她我的市場調研專案進展不順。聽了我的故事後，菲麗絲開心了。「你不知道金最好的閨中密友是誰嗎？」

「不知道。」

菲麗絲笑得更歡了：「就是卡琳——你的前女友。」

「什麼？」我大吃一驚：「你在開玩笑吧？」

「真的沒有。」菲麗絲邊笑邊說。

我起身擁抱了菲麗絲，跑出餐館直奔辦公室。我有個電話要打——打給卡琳。

卡琳和我的分手不是很愉快，所以我還得先做點安撫工作。在展開一番遲來的道歉之後，我向卡琳講述了我苦追金六個月而未果的故事。她也笑翻了。

最後，她終於止住笑問道：「那你想讓我做什麼呢？」

我這時又拿出了銷售員慣用的那一套，就像每個經過訓練的銷售員都會向客戶要求的那樣，我要求卡琳替我「推薦一下」。

「什麼？」卡琳高叫起來：「你讓我來推薦你？你讓我建議她跟你出去約會？你神經短路了吧？」

「啊，誰叫我這麼會推銷呢？」我開著玩笑。

卡琳卻沒有笑。「那好吧，」她說道，「我會跟她說的。不過我提醒你，我只能做這麼多。別想再讓我幫別的忙。」

卡琳後來真的去和金說了，在她面前大大誇獎了我。

六周後，我和金終於定下了見面的日子，並且在一九八四年二月十九日開始了我們的頭一次約會。

一個新歷程的開始

我們在一個可以俯瞰海岸的陽臺上共進晚餐，然後帶著一瓶香檳去白沙灘上散步。當時我還不是很有錢，那是我能想到的可以用比較少的錢換來的最浪漫的約會方式。金和我坐在「鑽石之角」的海灘上暢談了一夜，直到旭日初升。那還只是個開始。

那一晚金向我講述了她的生活，我也講了我的。在談到工作的話題時，我講到了富爸爸給我上的課。金在大學裡學的專業是商業，她對富爸爸的B-I三角以及成為創業者的過程十分感興趣。坐在月光下的大海邊，和我見過的最美麗的女人談著彼此都感興趣的話題，真讓我感覺身在天堂。我到目前為止約會過的女孩兒還沒有一個懂得商業的，金卻懂。她對這個話題充滿興趣。

當我跟她談起我的尼龍錢包生意時，她不斷搖頭。我講到我們是怎麼成功，又是怎麼一敗塗地的。我又說起了我們在亞洲的工廠，在本應只有一排工人的空間裡，四排童工頭也不抬地工作，呼吸著染料散發出的有毒空氣。這時金幾乎要哭了。然後我告訴她我已離開我的公司，因為任務已經完成了。

她接過話說：「我很高興你願意往前走。但你準備做什麼呢？」

我搖著頭回答道：「不知道。我只知道有時你得先停下來，才能繼續前進。現在我就停下來了。」

這時我跟她講起我父親的現狀：失業在家，偶爾找一些臨時工作打發生活。我談起我對教育的看法：它既不符合時代的需要，也無法幫助孩子們應對未來的挑戰──它在培養孩子們成為雇員而不是創業者，在教導他們寄望於一家公司或是政府在退休後養活自己。我們又談到了未來，談到了富爸爸所預見的社會與醫療保障制度危機、股市危機，等等。

「你為什麼要關心這些呢？」她問道：「你認為這和你有很大關係嗎？」

「我也說不清，」我答道，「我知道這個世界充滿了問題，比如說環境、疾病、食品、住房等，但讓我最感興趣的是財富與貧困，以及貧富差距的問題。這些問題總在我心中揮之不去。」

我們又談到了布克敏斯特・福勒博士。在我跟他學習期間，我發現他對於金融體制有著和富爸爸一樣的看法。我努力向她解釋清楚福勒博士的觀點：有錢有勢者是如何玩著金錢的遊戲，而把窮人和中產階級留在財務危機的邊緣。我還告訴金，福勒說我們每個人都有一個人生目標，我們的目標不該只是賺錢，而應當是使世界變得更美好。

「聽起來你是想像你爸爸那樣去幫助別人，尤其是工廠裡的童工那樣的窮人。」金說道。

我說：「太對了！參觀工廠之後，我就感覺到我現在該為孩子們做點什麼了，而不是讓孩子為我做工。我該讓這些孩子們變有錢，而不只是把自己變成富人。」

這時，朝陽從海面躍出。衝浪的小夥子們在金光粼粼的海浪中試起了身手。該是準備上班的時候了。我們聊了一整夜，卻毫無倦意。就從那天開始，我們倆走在一起。

尋找激情

一九八四年十二月，金和我搬到加州。正如我在許多本書裡曾經提到過的，我們從此開始了一生中最艱難的時期。我們想抓住一個商業機會，卻沒能成功，結果弄得我們身無分文，在一輛汽車裡過了幾夜。那段時間對我們的決心以及彼此的信任都是一種考驗。

加州是新型教育的基地。當年的嬉皮們如今已經長大，很多人在以非常奇怪的方法教授一些有趣的課題，常見的有：打開你的思想、改變你的習慣、超越現實的限制等等。金和我盡可能地參加各種學習研討會，從中汲取靈感並揣摩各式各樣的教學技巧。

在本書的前面，我提到過曾在包伯•本杜蘭的賽車學校學習，以及協助安東尼•羅賓斯教學員踏過兩千度的熱炭。你們可能已經知道，我不喜歡傳統的教學方式。我不喜歡被犯錯誤和不及格的恐懼牽著鼻子走，以及死記硬背那些正確答案。在學校裡，我總感覺自己像被編好了程式，只能做那些正確的事，在心驚膽戰中生活。在學校，我就像一隻被蛛網纏住的蝴蝶，直到網愈纏愈緊，我再也飛不起來為止。

我所追尋的教育方式是一種能夠教會人們打破恐懼的教育，一種能夠幫助人們發現自己內在力量的教育，一種能夠幫助人們超越心理極限、駕駛一級方程式賽車的教育。我對這些教學技巧研究得愈多，愈發現我們的情感和意志結合在一起能夠激發出多大的能量，我就愈是想要學習。我對於人類學習這個課題充滿了興趣。

我終於明白了我為何如此熱愛海軍陸戰隊——我熱愛那些訓練和戰鬥學校，因為那兒訓練了我們克服恐懼、超越極限的能力。對我來說，那是再好不過的一個學習環境。環境非常艱苦嚴苛，要求我在整個訓練中完全控制自己的身體、思維、情感和精神。在海軍陸戰隊，記住正確答案是不夠的。就像在商業世界中一樣，在這裡，重要的是結果而不是原因，是行動而不是語言。這是一個強調「使命第一、團隊第二、個人最後」的學習環境，它教會人們飛翔，而不是束縛住人們的雙翼。

突破性的學習

我把我們正在學習的東西稱為「突破性學習」，也就是能夠為人們帶來改變、突破陳規陋習的學習，那過程就像一隻小雞終於從雞蛋中破殼而出一樣。

在我參加的一個學習研討會上，老師講到諾貝爾獎得主伊利亞・普利戈金的故事。

他因對「耗散結構」的研究而獲得諾貝爾獎。舉個簡單的例子：他的研究證明了孩子是如何爬上自行車、摔下來、再爬上、再摔下，然後突然有一天就會騎車了。以簡單的方法來解釋，摔倒會給孩子造成極度的緊張，整個過程中的緊張又會促使孩子重新組織自己的思維方式。所以，一旦學會了騎車，就永遠不會忘記。

對我來說，他的研究驗證了為何學校裡的好學生並不一定總是在現實世界中表現出眾。就像我的父親一樣，一旦摔下來，他就坐在地上不起來，對自己說：「我再也不這麼做了。」他沒有繼續前進，面對更大的壓力和沮喪，而是撤了回來，以減少壓力。這很像是一隻小雞因為害怕外面的世界而始終躲藏在蛋殼裡。

普利戈金總結道：「壓力之下出智慧。」富爸爸則說：「要百折不撓。」

我們能夠學得多快？

我研究的另一位學者是保加利亞的喬吉·洛紮諾夫，他是「超級學習」領

因為創業失敗而退縮，無法面對壓力，就像小雞躲在蛋殼裡，永遠無法看到世界的美好。

域的先驅。儘管我從未上過他的課，但據報導說，他能夠在一兩天的時間內教會人們一種語言。很顯然，老派的學者對他和他的工作十分懷疑。而我試驗了他的方法，發現它確實有效。

我不喜歡學校的一個原因就是學習的節奏太慢。學一小點東西花費的時間太長。將不同種類的教學技巧結合起來可以提高學習的速度和趣味，使學生更好、更牢地記住所學的內容。在我的發現中，我最喜歡的一點是：你是一個得A的學生還是一個得F的學生都不重要。這種教學方式能夠喚起人們學習的渴望，讓他們自覺地學習。

找到我的激情

很多年前，富爸爸曾對我說：你一旦完成了一段旅程，就把最好的收穫帶在身上，把其他的拋在身後，然後你再繼續走下一段路。如此不斷前進。

在金和我不斷學習的過程中，富爸爸的話顯得十分有用。突然之間，我發現我已經從我過去的幾段經歷中吸取了最精華的東西。我的經歷中包括討厭的學校生活、在海軍陸戰隊服役、做尼龍錢包生意等。雖然經營尼龍錢包生意的過程充滿了艱辛，但我卻獲得了許多寶貴的經驗。而現在，在研究人們是如何學習的過程中，我過往所有的經驗都派上了用場。我那些零零碎碎的經歷都有了意義。

一九八五年八月前後，我找到了我的激情所在。我的下一個生意已經在頭腦中成形了。從一九八六到一九九四年，金和我組織了一家機構，開辦了「創業者商學院」和「投資者商學院」。與傳統的商學院不同的是，這家商學院沒有門檻。我們不需要成績單。我們向學生要求的只是學習的願望、時間和應付的學費。

我們運用學到的教學技巧來教授人們會計和投資的基礎知識——這通常是六個月的課程，而我們在一天之內就可以教會。我們並不空談經商，而是讓班上的學生實際建立一個生意，其中會觸及到B-I三角的各個層面。我們不會空談建立團隊，而是要求每一個團隊集合起各項技能。在課堂比賽中，不是第一個完成任務的人，而是第一個完成任務的團隊為獲勝者。我不知道你們是否瞭解，要讓十五個不同年齡、不同性別、不同身體狀況、不同性格的人組成團隊完成一項游泳和自行車或跑步比賽有多麼困難。有的時候，一個團隊成員甚至會背著隊友跑過終點線，這讓我想起了我們在越南的情景。當然了，作為一家實踐商學院，我們要拿錢來玩遊戲。每個學員交出一些錢湊在一起，只要獲勝，就可以拿走。一個獲勝的十五人團隊或許能贏走五萬美元的獎金。

在我們的投資者商學院中，我們並不講述投資知識，我們建起了一個股票交易室，不同的團隊代表不同的共同基金和基金經理。隨著市場條件的變化，隊員們需要調整他們的投資策略。在課程結束後，同樣也是由獲勝的團隊贏走所有的錢。

一九九三年，儘管我們生意興隆，利潤豐厚，我還是感到該是再次前進的時候了。一九九四年夏天，金和我售出了我們在公司中的股份，退休了。我們的投資所產生的正收益已經大於我們的支出，我們終於擺脫了老鼠賽跑圈。儘管我們還不算富有，卻已經獲得了財務自由。如果你能找到一本《富爸爸財富執行力》，你能在封底上看到一張金和我騎在馬上，立於一座俯瞰碧海的峰頂的照片。我們因為早早退休得到的第一個獎賞就是斐濟島的一次渡假；那年金三十七歲，我四十七歲。

知道何時停止

吉姆・科林斯在《從A到A+》中用很大篇幅談到何時停止的問題。二○○四年我閱讀這本書時，想起了我在一九八四年和一九九四年的兩次止步。並沒有什麼信號，也沒有什麼冥冥之中的聲音在昭示我「該是停下來的時候了」。每一次，我只是在某一時刻感覺到自己正在經歷的旅程快走到盡頭了。是時候停下來，開始一段新的旅程了。

我總是會遇到一些生意人，他們想要停止，卻停不下來。原因有很多，一個最常見的原因是他們的B-I三角還不穩定。為克服這些弱點，創業者經常需要更努力、更長時間地工作。另一個原因是，創業者一旦停下工作，經濟上就入不敷出，這是B-I三角不夠堅實的緣故。還有一個原因是，一個人雖然已經成為了成功的企業家，卻只能繼續工作下去，因為他不知道下面該做些什麼。按照吉姆・科林斯的說法，一個人可能需要先停下來，休息一段時間，然後再尋找新的事做。以我的情況來看，我正是這麼做的。我只是先讓自己停下來，讓塵埃落定，等上幾年，看看之後會發生些什麼。

服務愈多人，效率愈高

從一九八四到一九九四年，我穩固了S象限的基礎，我不想在條件未成熟時就一下子跳到B象限。我知道過大的成功往往會使人力不從心。S象限中的人一旦成功，經常會出現這種現象。由於S象限人士通常是獨立工作，更大的成功也就意味著更多的工作。原因在於：S象限人士通常按工時計酬，但我們都知道，每個人每天工作的時間是有限的。

當金和我停下來時，我們不是因為艱苦和長時間的工作而厭倦。使我感到不滿足的是我們的工作能夠影響到的人數有限。願意花錢來參加我們的學習研討會的人畢竟是少數。而我們的研討會不僅收費昂貴，還像海軍陸戰隊的訓練一樣嚴苛。人們要來上我們的一個商學院，需要拿出至少十天的時間。

布克敏斯特・富勒博士是對我一生影響巨大的良師。他經常說：「你服務的人愈多，就愈有效率。」他談的不是錢，而是服務的水準。富爸爸說過：「S象限和B象限之間的最大區別就是服務對象的數目。」他還說：

「如果你想要致富的話，就去服務更多的人。」

一九九四年，我參與的最後那期商學院招收了三百五十多名學員，每人需繳付五千美元的學費。所以，我們賺的錢並不少。而不足之處在於：接受我們服務的只有三百五十人。我知道如果我真的想去幫助亞洲的那些小童工，肯定不能藉由現在這種方式。換句話說，我該停下來，思考一下如何從S象限進入B象限了。這次我們不是在飛躍大峽谷，而是踏踏實實地準備從谷底往上爬。現在該是思考一下富爸爸所說的「臨界點」問題的時候了。

穿過臨界點

你們之中的大多數人可能知道，S象限中自我雇用者所面臨的最大問題就是「自我」這個詞。在很多情況下，這些人自身就是產品，人們雇用他們去做一件工作。看一看B-I三角，從現金流到產品，自我雇用者事事都得操心。在很多情況下，他們是很難進入B象限的，因為他們根本無法脫離整個流程。

在一九八四到一九九四年期間，我就處於這種狀況。我就是自我雇用者中的「自我」。儘管我是有意識地這樣去做，但現實還是讓我不安。我經常問自己的一個問題是：「如果我不能親自去為學員們上課會怎麼樣？」我們嘗試過訓練其他的教師，但是耗時費力、困難重重。很難再找到人並訓練成講師。我很難教會別人運用我的教學方式，要想在一天的時間裡教會三百多人掌握投資技巧或會計知識可不是一件簡單的事，簡直就像教人在熱炭上行走一樣難。

在一九九四年出售了我的公司之後，我又不斷問起這個問題：「在我不親自上課之後，我該怎麼以我的方式教育更多的人呢？」我搬到了亞利桑那州的比斯比山中，在與世隔絕的環境中尋找答案。我為這個答案思索了兩年。在離開比斯比時，《富爸爸，窮爸爸》的大綱已經存在我的電腦中，我還想好了「現金流101」遊戲的藍本。我藉由了「臨界點」，從S象限進入了B象限。

富爸爸是從周末學校學到臨界點的概念的。他說道：「教堂裡的人愛說，『讓一個有錢人進入天堂比讓一隻駱駝穿過臨界點（針孔）還難。』」富爸爸接著說道：「現在把駱駝忘掉，一個人如果能夠穿過臨界點，就能進入充滿財富的世界。」

富爸爸說這番話時非常嚴肅，並未拿宗教課開玩笑。他只是在借用一個比喻來闡述他自己的想法。在商業世界中，一個創業者要想穿過臨界點，就得把他自己丟在後面。穿過臨界點的只是創業者的知識財產。看一看下面的圖你可能就明白了。

在歷史上，創業者通過臨界點的事跡不勝枚舉。以下僅是其中幾例：

1. 當亨利・福特設計出可以大批量生產的汽車時，他就通過了臨界點。而在那之前，大多數車子都是先由客戶訂制，然後手工製造的。
2. 當賈伯斯和他在蘋果電腦的團隊創造出 iPod 時，他們就通過了臨界點。

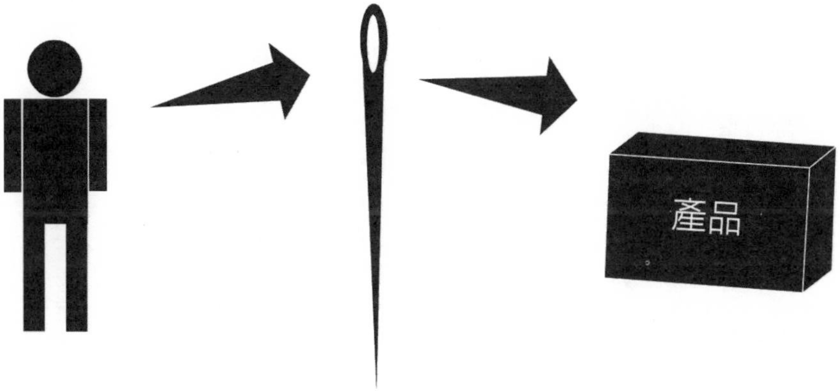

3. 像史蒂芬・史匹柏和喬治・盧卡斯之類的大師創作出一部電影時，他們也通過了臨界點。

4. 麥當勞藉由把自己的漢堡授權經營模式推廣到全世界，通過了臨界點。

5. 當一家直銷人員建立了一系列的「下線」後，他就穿過了臨界點。

6. 當一名投資者購入一處房產，從而每月都有穩定的現金流流入自己的錢包時，他就通穿過了臨界點。

7. 一名運用電視助選的政治家就是在通過臨界點，而靠登門拉票的政治家就沒有。

8. 當發明家或作家把自己的發明或作品賣給一家大公司並獲得專利費或版稅時，他們就穿過了臨界點。

9. 利用我從富爸爸那裡學到的知識和我對教育方法的研究，我推出了遊戲和新書，我就穿過了臨界點。我把自己從方程式中分離了出來。

10. 當我創辦尼龍錢包生意時，沒有先找律師保護我的智慧財產權，就等於沒有通過臨界點。我把創意拱手讓給了對手，讓他們發了財。他們通過了臨界點，我卻摔下了山谷。我擁有一個很棒的產品，卻沒有法律的保護，我的B-I三角就是不完整的。

破殼而出

當我帶著新書和現金流遊戲的草稿從鳳凰城回來時，我就知道我要開始進入B象限，金和我開始根據B-I三角設計和建立一家公司。我們的產品一推向市場，前景就十分光明。生產線在我的五十歲生日那天（也就是一九九七年四月八日）正式開始生產。從富爸爸公司建立的初期，我們就從未為生意操過心，唯一讓我們傷腦筋的是產品供不應求。我們在全世界旅行，把產品推廣到新市場。它為我們帶來的收入簡直數不勝數。二〇〇〇年六月，媒體女王歐普拉打來電話邀請我們上她的節目，如同為我們打開了天堂之門。我們三人從S象限進入了B象限。

這時，我才更深刻地理解了富爸爸所說的：

1. 真誠地走過自己的旅程。
2. 在旅程中你會對未來驚鴻一瞥，這會帶給你繼續走下去的動力。

3. 運用B-I三角的威力。

4. 利用三種財富，也就是競爭財富、合作財富和精神財富的威力。

5. 穿過臨界點。

參加過歐普拉的節目之後，我才真正覺得像是小雞破殼而出。而在此之前，我只是個小人物。現在，無論我走到世界上的什麼地方，都會有人叫住我說，他們讀過我的《富爸爸，窮爸爸》，玩過我的現金流遊戲。

二〇〇二年的一天，我正在瑞典的一家古董店裡閒逛。店主人是一位金髮的瑞典人，中國古董專家。他認出了我，然後說道：「前幾個月我去了一趟中國收購東西。在長江的一條遊船上，我看到旁邊有一艘小木船，船上的一家人正在玩著中文版的現金流遊戲。」

那一刻，我知道我實現了自己的承諾——幫助那些在工廠裡打工、幫我發財的孩子們。現在我也在為他們工作，為各式各樣的家庭工作，為男女老幼工作——教會他們役使金錢，而不是等待政府來救濟自己。

二〇〇四年二月，《紐約時報》用整版報導了現金流遊戲和世界各地成立的成百上千個現金流俱樂部。他們組織在一起，只是為了玩那個遊戲，學習富爸爸曾經教給我的東西。看到那篇文章後，我幾乎不敢相信自己的眼睛。我無法相信這個奇蹟。因為在我看來，登上《紐約時報》簡直比登天還難。

看到那篇文章後，我明白我在從事「創業者商學院」和「投資者商學院」教學期間學到的東西已經成功地轉化成了產品，也就是現金流遊戲，它在替我從事教學。現在人們可以用不到一天的時間學到會計和投資的基礎知識，此外，很多玩過遊戲的人都對世界有了新的看法。對他們來說，遊戲提供了一個打破固定思維的方法，他們頭腦中的金錢世界從一個恐怖的世界變成了一個激動人心的世界。以前，他們苦苦地尋找可以託付自己金錢的所謂專家，而在玩過現金流遊戲後，許多人認識到他們自己就能成為財務專家——他們能夠掌控自己的財務未來。而且他們中的很多人也確實做到了這點。

最棒的是，我不再每次只教三百五十人，他們也不再需要跑到我這兒來每人繳幾千美元的費用；現金流遊戲正在教育著成千上萬的人，而且對很多人都是免費的。教師不再是我，而是他們自己，他們會邊學習邊與他人分享心得。

在我讀到《紐約時報》的文章後，我知道對我來說，從一九九四年到二○○四年這十年的歷程已近尾聲。雖然如此，我的使命卻仍在延續。

把你自己移開

在你辭職之前，你最好能記住本章給你的啟示，也就是，使命的高度決定了產品。僅僅藉由在體力上努力工作，是難為很多人服務和賺大錢的，如果你想要服務很多客戶並獲得可觀的財富，你就必須忘掉自己，穿過那個臨界點。

在你辭職之前，你可能還需要想清楚：對你來說，到底是在S象限裡快樂，還是B象限裡更快樂。如果你想進入B象限的話，要記得它所要求的B-I三角要堅實得多。而且只有一個同樣強大的團隊才能幫助你穿過臨界點。

還有應該花一點時間，默默地回想一下那些網際網路公司失敗的故事。我想很多公司失敗的原因正是創業者想要從E象限直接進入B象限。當泡沫化時，他們也是像卡通的那一隻大笨狼一樣，只剩空氣在他們的腳下。他們沒有撐過臨界點。

一個制勝團隊

一家企業的成敗與創業者的職業道德、決心和願望有關。大多數起步創業的人三者都不缺乏。然而，最終決定一家企業走向成功的因素還在於三種關鍵技能。

首先，要建立一家企業，你必須能夠「銷售」，因為「銷售＝收入」。當收入不足時，多半是因為企業管理者不能或不願銷售。然而，沒有銷售就得不到收入。有人說要想賣出東西，你必須表現得像執著的強狗一樣，事實並非如此。

第二，要想建立起一家真正的企業或網路並脫離S象限，你必須能夠吸引、打造並激勵一支偉大的團隊。在小企業中，團隊的每名成員都應樂意從事銷售工作，無論他的頭銜是什麼。

為實現目標，第三點也十分關鍵。那就是你要「教」會其他人如何銷售，「教」會他們團隊精神，「教」會他們追求成功。這種能力能夠保證你的公司不斷成長和獲利，並且長盛不衰。

然而糟糕的是，大多數公司老闆們從來不去教這些東西。因為他們總是認為：銷售是瑣碎的工作；如果你想把事情辦好，就得親力親為；教人學東西是學校的任務。

在從事商業工作時，我們要想提高公司的業績，經常會讓員工們制定自己的「榮譽守則」。守則是一套規則，能把一群普通人打造成勇於進取的團隊，不僅擅長銷售，也渴望學習、忠於職守。這是取得成功所需具備的，而它要求所有的團隊成員必須行動一致。

多數人想要盡可能做到傑出。作為一家企業的主人，你應當創造出一個環境，使員工們能夠實現這一願望。如果能做到這點，你將變得極為成功。很多時候在企業裡，你提供的是什麼並不重要，重要的是你如何提供。你的團隊的誠意和熱情，將決定你的企業的聲譽、成敗和利潤。

布萊爾・辛格，富爸爸顧問

《富爸爸銷售狗》和《富爸爸打造成功商業團隊ABC》作者

第八章

從失敗中看見希望

Before you Quit Your Job

商業領袖

「商業領袖最重要的任務是什麼呢？」我問富爸爸。

「嗯，有很多工作都很重要，很難說哪一個最重要。我想有八項任務都該算是最重要的吧。」

下面就是富爸爸列出的任務：

1. 清楚地確定使命、目標和願景。
2. 找到最優秀的人才並把他們組成一個團隊。
3. 從內部加強公司。
4. 在外部發展公司。
5. 提高利潤。
6. 投資於研發。
7. 投資於有形資產。
8. 做一個好的企業人。

「要是一個商業領袖不能完成這些任務會怎麼樣？」我問道。

「那就得換人。」富爸爸說：「還有，如果領導人做不成這些事，公司可能就會倒掉。這就是為什麼許多企業的壽命連十年都達不到。」

只有使命

多年來，我遇到了很多具有強烈使命感的人。他們會跑來跟我說：

- 「我想拯救環境。」
- 「我的發明將減少對燃油的需求。」
- 「我想為流浪兒建一處慈善收容院。」
- 「全世界都很期待我的技術。」
- 「我想為那種疾病找到治療方法。」

雖然他們之中的大多數都是真誠的好心人，但他們卻沒能完成他們的使命，因為他們除了使命之外什麼都沒有。如果你藉由B-I三角來檢視他們的經驗，他們看起來就是這樣的：

缺乏商業技巧

在本書的前面我們談到過，很多人在學校裡耗費了多年的時間，培養了一些與B-I三角無關的技能。比如說，一位學校老師可能擁有多年的教學經驗，但如果他想成為創業者的話，他現有的技能可能無法成功地轉化為B-I三角中的技能，這只是因為他缺乏商業技巧。

一九七四年離開海軍陸戰隊時，我也面臨這種窘境。在

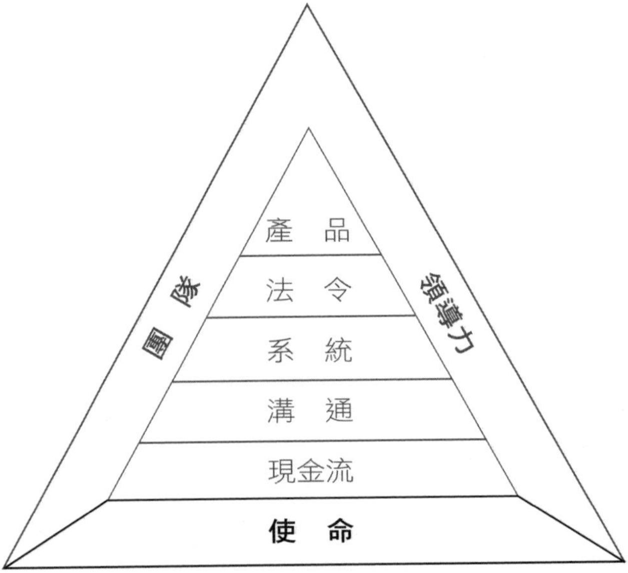

那之前我從事過兩個職業，一個是有執照的水手，在全世界運輸石油，繼續做下去的話也許能賺到不少錢，但我不再想當水手了。我的第二個職業是戰機駕駛員，我由此獲得了寶貴的訓練和經驗。後來很多飛行員朋友都去航空公司、警察局或是消防局工作。我也可以找一份類似的工作，但我不再想開飛機了。

一九七四年，當我回到家，眼睜睜地看著我爸爸苦苦支撐他的小本生意時，我找到了我的新使命，或者說至少是一個值得解決的問題。問題在於，除了使命我一無所有。看一看B-I三角，你就會發現各種專業人士在會計、法律、設計、行銷、結構等方面各有所長。但B-I三角裡並沒有一個層級是「船員」或「飛行員」。所以，我就像前面提到過的很多人一樣，擁有使命感，卻缺乏商業技能。

好在我受過富爸爸多年的薰陶。我在他的公司裡對B-I三角的各個層面多少都有所接觸。我還擁有一點點商業經驗，但僅限於我的童年。至少我懂得公司是一個由系統組成的系統，也懂得B-I三角作為商業結構的重要性。

 設法讓自己現有的技能符合B-I三角所需的技能，如果缺乏相關技能，就需要學習。

向富爸爸抱怨

有一天我向富爸爸抱怨道：我幾乎沒有一點可以用於B-I三角的技能。我指著B-I三角的「團隊」一項說，沒有一家大公司會吸納我進入他們的團隊。我唉聲歎氣地抱怨自己在B-I三角的任何層面都沒接受過正規的教育。說完之後，我抬起頭看著富爸爸，期待著他的安慰。沒想到他的回答卻很簡單：「我也沒有。」

富爸爸的起點只有一個：「使命」。

領袖該做什麼

領袖的任務是改變一家企業，使它能夠成長、能夠服務於更多的人；如果他無法改變企業，那麼企業就只能停滯不前，或走上下坡路。

下面，我要再一次用B-I三角來說明問題。

當我還處在S象限時，我的產品是「創業者商學院」和「投資者商學院」。問題在於，產品和B-I三角的其他層面都太依賴我了。如果我想要成為一名領導者的話，就需要停下來重新設計一下我的公司。在一家公司正在經營的時候改變它的設計結構，就如同給行進中的車子換胎一樣。這就是金和我為什麼停下腳步，兩年後才重新開辦新的公司。

建立一個新的B-I三角

一九九六年，當我從亞利桑那州的比斯比山中出來時，我所有的成果只是用鉛筆描畫的一張現金流遊戲草圖、電腦裡那份《富爸爸，窮爸爸》的大綱，加上一份兩頁的商業計

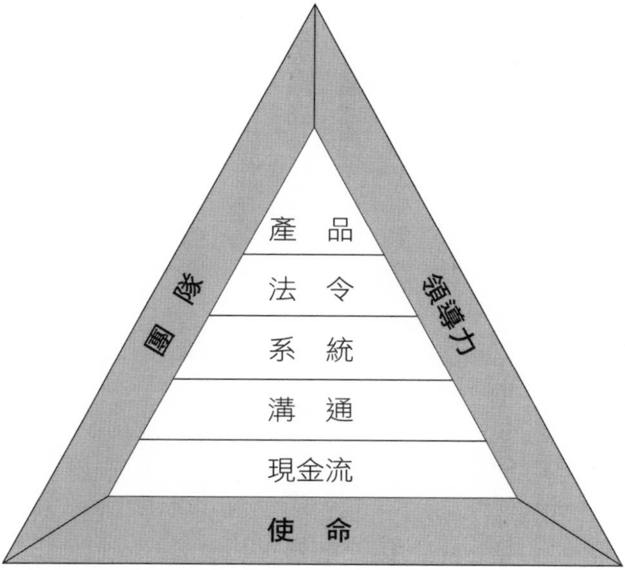

畫。作為我尚未建立的新公司的唯一員工，我知道下一步該是找到合適的人建立起一個團隊。

畫出遊戲草圖是最容易的部分。找到能夠設計資訊系統、使遊戲發揮作用的人是第一步。產品的設計必須能夠徹底地改變人們對金錢的觀念。那時候我認識的唯一一個具備這樣頭腦的人是我的老友羅爾夫・帕塔，人們都叫他史巴克，因為他長得很像萊昂納多・尼莫在影片《星際迷航》裡扮演的史巴克。他也確實像尼莫扮演的角色那樣聰明。

這就是四種思維方式的重要之處了。在這個階段，我為專案帶來的是C型思維和P型思維。根據我十年的教學經驗，以及對人們的學習行為的瞭解，我的創造力足以使我設計出遊戲的草樣，而史巴克帶來的是T型和A型思維。作為一名訓練有素的註冊會計師和MBA，一位智商極高的前銀行家，史巴克生活在自己的世界中，很少有人能和他交談，他說的英語是一種方言，我很懷疑人們是否聽得懂。

我去了他家，在他的餐桌上展開了我的草圖。我盡力藉由語言、手勢和在圖上圈圈點點來讓他明白我的意思。史巴克和我終於開始溝通了。一個專案中創意和交際面的人，要跟一個技術面和分析面的人對談是很困難的。

終於在討論了一小時之後，史巴克的眼睛裡發出了光彩。他開始明白了P和C的一面。「人們為什麼會需要這個遊戲呢？」他問道：「這些只是基本常識啊。」

我笑著答：「你是MBA，又是註冊會計師，以前還是銀行家，這對你來說是基本常識。但對一般人來說，這就像外語一樣，是一種全新的思考方式。」

史巴克也笑了。「給我三個月，我會給你你想要的東西。」我們談妥了他的服務費用，握了握手。我很有信心自己找到了正確的人選來完成這項任務。

在這三個月期間，我們不斷交流。三個月後他設計好了所有複雜的算術公式。我也完成了我的任務——改進了草圖。史巴克、金，還有我，我們一起玩起了遊戲。讓我們驚喜的是，它運轉得很好，這是一個不太容易玩的遊戲，但各方面都很正確，我們滿意極了。

我下一個想去見的人是一個智慧財產權律師來開始為保護我的智慧財產

權註冊商標、申請專利，和其它的法律保護動作。

史巴克又開始工作了，這次運用的是他的A型思維。他開始在電腦上試著測試遊戲；十五萬次模擬遊戲，無一失敗。當他交給我電腦測試的那張統計單時，笑得嘴都咧到了耳根。這個專案帶給他的挑戰讓他十分愉快。

直到今天，我還對於他那些紙張上的算術公式一竅不通。但當我把這些紙張交給我的律師時，他笑得和史

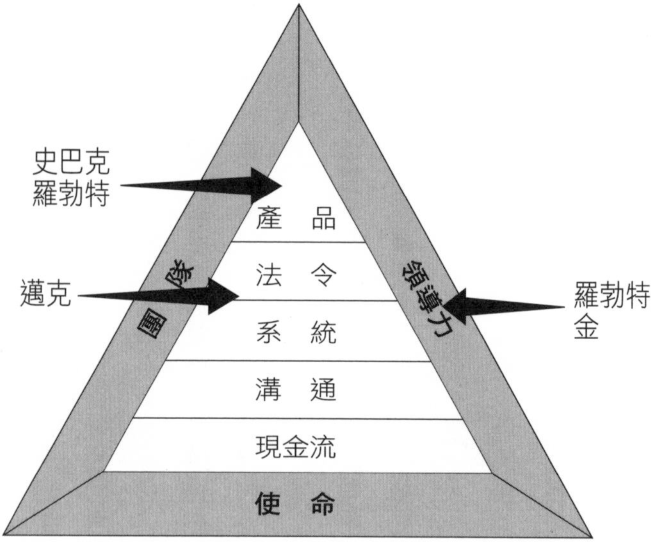

巴克一樣開心。我覺得自己在他們面前又成了小學生。兩位總得A的學生在為他們的考試成績而高興，而我這個總是得C、得D、甚至得E的學生還在奇怪他們有什麼可興奮的。

你們可能已經猜到了，我現在正在建立一個新的B-I三角。作為創業者，金和我對我們的使命一清二楚。現在，作為專案領導者，我在五項任務的指導下組建著我們的團隊。

大約一個月之後，我的律師打電話給我，說道：「你現在可以做下面的事情了，你可以去把你的遊戲展示給大家看了。我們還沒拿到專利，不過申請已經提交，你也寫了說明。當然，你還是得在人們看到你的產品前讓他們先簽保密協定。」

你們也許還記得，這正是我在做尼龍錢包生意時忽略的一步。在發明產品的幾周之內，我就在毫無法律保護的情況下開始銷售產品。不到三個月，我們的競爭對手就開始賣和我們一樣的產品。我犯的是一個毀滅性的錯誤。但那次得到的教訓卻給了我超值回報。

重要試驗

接下來的幾個星期，金、史巴克和我把我們的遊戲樣品準備就緒。我們和不少朋友一起玩了遊戲，它運轉得很好，因為我們的朋友都是專業投資者。現在我們該去做一下實地測試了——也就是看看它對普通人的效果怎樣。

那時候，遊戲圖還是簡單地畫在厚紙上，我們用不同口徑的子彈做棋子。棋子很合適，因為它們的重量正好可以把紙壓平。

我們訂了一間可以容納二十個人的酒店會議室，然後就開始打電話邀請不同的人——多數是陌生人——來玩我們的遊戲。你可能想像不到那有多困難。當人們聽說我們的遊戲是一種投資和會計教育工具時，多數人都會找藉口推託。

「那是不是需要懂數學？」有個人問。我剛說「是」，他就掛了電話。

玩過遊戲之後

一個陽光明媚的星期六上午，測試開始了。有一個答應來的人缺席了。

介紹了一番遊戲規則之後，大家開始玩起來。他們玩了很久。當時有兩桌，一桌四個人，一桌五個人。大約過了三個小時後，一個人舉起手，示意她贏了。遊戲是可行的——對一個人來說——然後遊戲就繼續一直玩下去。

最後，到了差不多中午一點，我們結束了遊戲。參加的人都很沮喪，我覺得他們憋了一肚子氣，都快要打人了。除了一開始的那個人以外，沒有其他人擺脫老鼠賽跑圈，沒有其他人贏得遊戲。人們離開時，很多人禮貌地握了我的手，但都沒有多做評價。多數人只是用古怪的眼光看看我就走出去了。

決定時間

在收拾我們的盒子時，金、史巴克和我小小地總結了一下。「可能太難了。」我說。金和史巴克點點頭。

「可是有一個人脫離老鼠賽跑。她贏了。」我那永遠樂觀的妻子金說。

「對，可是大多數的人沒有贏，」我抱怨，「他們沒有脫離老鼠賽跑、沒有學到任何東西，他們最後只是變得垂頭喪氣。」

「我已經盡力把它弄得簡單了，」史巴克說，「要是再簡單，可能就要影響設計這個遊戲的目的。」

「好吧，咱們先把盒子裝上車回去吧。金和我明天要去夏威夷。我們會考慮一下這個專案是該繼續還是放棄。」

接下來的那個星期，每天金和我起床之後，喝完一杯咖啡就去海邊散步。我的情緒時好時壞：頭一天我會無比振奮地決心把專案繼續搞下去，第二天醒來又心灰意懶，覺得還是放棄算了。就這樣過了一週，那真是一次糟糕的假期。

我之所以花費這麼大篇幅描寫這段經歷，是因為那對我來說是一段艱難的日子。很多人會因為害怕冒險而不敢繼續一個專案，我也一樣。在那段時間裡，金和我心裡都十分矛盾。我們不知道是該前進還是放棄，是該繼續追求我們的使命還是回去賺錢。

金和我都相信，當年富爸爸教的那些重要課程就這樣被我濃縮到我們的新遊戲中。我們知道我們必須繼續往前走；史巴克、金和我決定要穿過臨界點。我們已經把從富爸爸那裡學到的東西轉化成一種實實在在的產品。

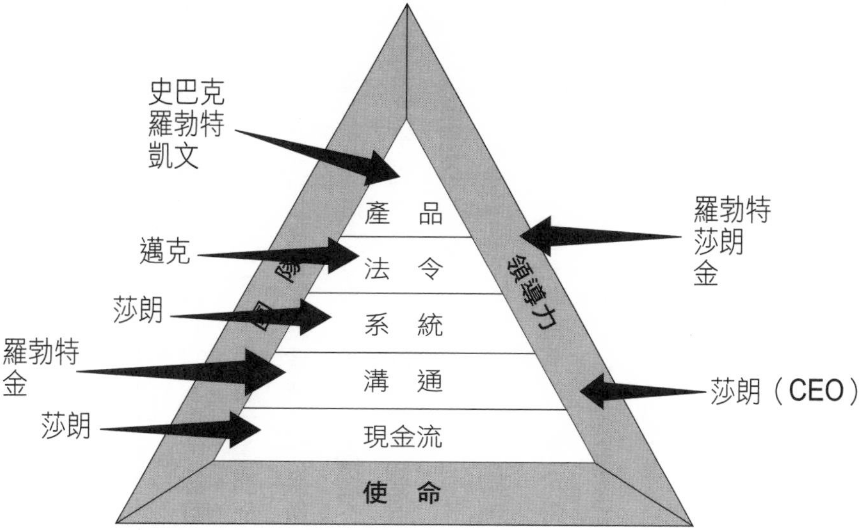

這是一九九六年夏天的事了。之後，金和我聘請了一位出色的製圖專家凱文・斯多克，設計遊戲的最後成品。然後，凱文把他的作品寄給了加拿大的一家遊戲製造商。一九九六年十一月，我們在一個朋友在拉斯維加斯舉辦的研討會上推出了遊戲的銷售版。遊戲運行得十分成功，參會者都十分喜歡它。這正是我們所期待的反應。緊接著，我們飛往新加坡，在另一個朋友的投資培訓班上使用了它，效果同樣出色。

商標和商業外觀

我們接下來致力於設計識別富爸爸品牌的美術圖像。你可能會注意到，我們的所有產品都有類似的主題、外觀和感覺。我們使用的顏色是某種特殊的紫色、黃色和黑色。人們看到產品上的這些顏色，很容易就能認出它們是來自「富爸爸」系列。就像我的律師所說的：「一切都不是偶然的。」如果有人仿冒，律師團隊會立刻行動起來。我們的商標和商業外觀都屬於智慧財產權，在全世界擁有巨大的價值。在中國，人們將「富爸爸」系列的成功稱為席捲全國的「紫色風暴」。

生意起飛

我們的公司剛一成立，業務幾乎馬上就起飛了。訂單像雪片般飛進來，現金也源源不斷地流入帳戶。我們立刻還清了所有的貸款，公司業務飛速成長。我們一開始把辦公室設在朋友家的一間儲藏室裡，很快就搬到了車庫，然後又迅速擴張到他家的每間空房間。不久之後，我們就需要在外面買下一座辦公大樓來容納我們不斷擴充的公司了。《富爸爸，窮爸爸》登上了《華爾街日報》和《紐約時報》暢銷書排行榜，它是極少數並非由大出版社推出卻能上榜的書之一。

緊接著，許多出版社開始想要花大價錢和我們簽下出版合約。媒體女王歐普拉也打來了電話，自從我在兩千年夏天上了她的節目之後，公司的業務更加熱絡了。我們真的差不多是一夜成名。

如何擴展一家公司

一家公司要想擴張，有很多方式，其中包括：

1. 複製整個B-I三角。這種形式也就是：你一旦把一種經營模式試驗成功，就可以開辦更多同樣的企業。很多零售企業或餐館都是這樣擴張的。在很多城市，不少成功的餐廳都會在城裡各處開上三四家分店。為實現擴張，可能需要更多的負責人。有時創業者會把自己的企業賣給大公司，自己再重新開始。

 公司擴張的方法有很多：複製B-I三角、特許經營、公開募股、授權和合資。

2. 特許經營。麥當勞就是特許經營的最佳範例。

3. 藉由公開募股讓公司上市。這樣公司就能從像華爾街這樣的地方獲得幾乎是無窮無盡的資本，以支援自己的不斷擴張。

4. 授權和合資。這是我們為富爸爸公司設計的擴張方式。授權簡單地說，也就是允許另一家企業生產你的產品。隨著我們愈來愈成功，我們的授權合作產品已經擴展到超過五十五個國家、四十二種語言。我們仍然沒有為生產或庫存書而付出資金。我們不需要一座巨大的倉庫或是龐大的銷售團隊，或是向全世界發行我們的產品。

單一戰略——多樣戰術

我的軍官生涯使我十分清楚戰術和戰略的區別。用簡單的話來說：戰略就是你在做什麼，而戰術是你如何完成戰略的計畫。我的一位軍事課導師曾經反覆強調「單一戰略——多樣戰術」對戰爭勝利的重要性。他總是說：「一個軍隊領袖必須把精力集中在一個目標或是一種戰略上。他必須只想著做一件事，任何其他事都只是完成這一件事的戰術而已。」他舉了不少戰爭史上的例子，總是那些關注單一戰略的領袖獲得勝利。

我對他的教誨念念不忘。很快我就發現，在商場中，也總是那些執行「單一戰略——多樣戰術」的公司獲得成功。比如說，達美樂披薩起步時的唯一戰略就是打敗競爭對手。為在這場披薩大戰中勝出，達美樂專注於戰略而設的業務，也就是承諾「半小時之內送達」。為實現這個目標，公司使用了各種各樣的手段。結果，達美樂一進入市場，就從競爭對手那兒搶到了可觀的市場份額。必勝客等公司卻無法與其競爭，因為它們的業務流程本來就不是這樣設計的。為與達美樂抗衡，必勝客投入更多廣告，宣傳口味新鮮、多樣的披薩。於是披薩大戰上演了——必勝客的武器是更好的產品，達美樂的武器是更快地送餐。

如果你曾讀過吉姆・科林斯的《從A到⁺A》，你也許會注意到很多偉大的公司奉行的都是單一戰略，吉姆・科林斯稱之為「刺蝟原則」。他舉了沃爾瑪的單一戰略為例，沃爾瑪憑藉其「以最低價提供優質商品」的單一戰略打敗了它的許多奉行多樣戰略的對手。換句話說，它的許多競爭對手都沒能很好地設定自己的單一戰略。

沃爾瑪的全部業務聚焦在一項承諾，而這項承諾顯然是消費者最願意聽到的。這代表著沃爾瑪並不是贏在產品上。和達美樂一樣，它是贏在B-I三角的「系統」層面。

你們可能還記得，當年愛迪生贏得了電燈大戰，並不是贏在產品上，而是贏在系統上。亨利・福特也一樣，他的戰略是以低價大規模生產讓受薪階層用得起的小汽車。他做出了一個承諾：提供最便宜的車子，然後就圍繞這個承諾建立他的企業。麥當勞的漢堡並不是最好的，而雷・科洛克的想法只是：向想從事特許經營的人提供最好的特許經營品牌。

我待在亞利桑那的山中時，起草的商業計畫非常簡單，它的核心是一個戰略和三種戰術。那份商業計畫書只有兩頁，其中第一頁是這樣的。

戰略：玩現金流遊戲

戰術：1.寫一本書。2.做一個商業宣傳片。3.藉由遊戲來教授投資。

在第二頁上，我寫下了實施戰術的一些簡單想法。

我唯一的戰略就是：讓最多的人玩這個遊戲。我知道如果我能創造出一個偉大而又可以為人們所用的遊戲，他們的生活就會發生改變。他們將會看到一個全新的充滿機會的世界，不再盲目地把自己的積蓄託付給基金經理這類所謂的專家，而是成為自己的財務專家。

就是這樣。我知道，如果成功的話，我自己也將從我的三項戰術和一項戰略中獲得財富。

一個低風險的主意

第一條經驗：永遠要有一個低風險的主意或戰術墊底。

富爸爸曾經教導我說，當你開辦一家公司或是做一項投資時，你都需要擁有一個低風險的主意。比如說，在投資房地產時，如果投資能每個月都為我產出一些回報，那麼它就是一項低風險的投資。即便房產本身不增值，我仍舊能從我的投資中收到一些回報。

用遊戲來從事教育投資就是我的低風險主意。基於我在舉辦投資研討會方面的經驗，我知道如果我的計畫失敗、沒有人喜歡我的遊戲的話，我還是可以藉由研討會很快收回我在遊戲上的投資，並把其中的觀念運用到研討會中去。

設計一家公司，做別人做不到的事

第二條經驗：圍繞著一個獨特的戰略優勢設計出一家公司。

根據我的計畫，圍繞著推廣遊戲的戰略，我基本上排除了所有的競爭對手。因為如果法律工作做得足夠周密的話，其他人很難抄襲我們的東西，沒有人能擁有我們的現金流遊戲。就像富爸爸說的：「設計一家公司，做一些別人做不到的事。」

你要做的只是：把所有的努力花在你的核心競爭力和獨特產品上。

計畫成功了。我們在新書出版並初步取得一些成績後，就開始和華納出版公司合作，由他們出版並銷售我們書籍的英文版。同時我們授權世界各地的出版商出版其他語言的版本。我們還授出了部分產品的電視銷售權。我們繼續參加美國各地以及澳洲、新加坡的投資研討會。現金從三種戰術的三個方向流入，也從遊戲的銷售中流入。

在我討論精神財富時，我真的沒有想到過我們的戰略能為我們帶來如此多的財富。這真是個奇蹟。

在今天擁有更多的戰術

今天，我們的戰略還是一樣。我們所有的戰術則都瞄準了讓更多人玩我們的現金流遊戲這個目標。

今天，我們所採用的戰術增多了。我們的企業現在是這樣的：

1. 推出的書以四十二種語言出版。
2. 遊戲以十四種語言發行。
3. 使直銷公司使用我們的的產品。
4. 一家培訓公司。
5. 一家演講公司。
6. 一個全國的廣播節目。
7. 現金流俱樂部遍布全世界。

8. 推廣線上版遊戲。

9. 推廣幼兒教育課程包括richkidsmartkid.com，從幼兒園到高中的免費遊戲到課程。

10. 藉由能增加我們的戰術的夥伴來讓我們的公司成長。由授權或共同經營，我們不需要增加我們富爸爸公司的員工數量。我們的公司維持的很小，但有很多的夥伴。

領導的三項工作

在本章的開始，我列舉了一些富爸爸認為對領導來說很重要的工作。在產品被開發出來並藉由專利和商標得到相應的法律保護之後，金和我就把注意力集中到了以下三項領導任務上：

1. 從內部加強公司。
2. 在外部擴張公司。
3. 提高利潤。

為合作財富而工作

藉由這種非常快速的成長，我們毫不費力地控制了我們的擴張節奏。這次，我沒有像毀掉我的尼龍錢包生意那樣毀掉我的新公司。隨著業務的增長，富爸爸公司也發展得更壯大了。公司能夠成長是因為我們具備合作精神，在為合作財富而工作。從我們的授權經營夥伴那裡得到的每一分錢都屬於合作財富。藉由合作而不是競爭，我們的戰略合作夥伴賺了錢，我們也賺了錢。毫不謙虛地說，我認為我們公司的成長路徑設計得相當不錯。這是一開始設計就能成長的。我們利用了團隊的能力來打造和保護我們的產品，此後又藉由全球授權來使用我們的智慧財產權。在這個過程中，我們建立起了合適的團隊。

在富爸爸公司成長的過程中，我們並未遇到很多企業都會遇到的成長通病。我們沒有遇到現金流問題、空間問題和員工問題。雖然我們的業務已經迅速擴大，公司卻基本保持著最初的規模。擴張的是我們的戰略合作夥伴的數量。隨著我們的成長，我們的收入增加得很快，幾乎沒有損失過。看來，這麼多年的摸索和學習終於產生了回報。

不再是未來一瞥

今天，金和我不再是僅僅瞥見我們想要的未來，而是真真切切地享受我們曾經夢想的日子。這聽起來就像一個奇蹟，也確實是一個奇蹟。我們的財富和生活方式是一方面，更重要的是：我們改變了許多人的生活──這才是真正的奇蹟所在。我回想起我爸爸丟掉工作之後坐在電視機前、亞洲「血汗工廠」裡的那些孩子們、長江上玩著現金流遊戲的一家人，這些影像疊加在一起，才是一個真正的奇蹟。布克敏斯特・富勒博士肯定會說：「是強大的精神動力在工作。」又如蘭斯・阿姆斯壯所說的：「這與自行車無關。」

創業者的任務已經完成

在我讀到《紐約時報》上關於現金流遊戲的文章之後，我知道我作為創業者的任務已經完成了。我們盡到了我們的職責。金和我已經把公司帶到了我們力所能及的最遠的地方。我們都知道現在是引入新團隊的時候了。二〇〇八年夏天，新團隊接手了公司的管理。管理者變了，但任務沒變。作為領導者，他們的任務是：

1. 清楚地確定公司的使命、目標和願景。
2. 找到最優秀的人才並把他們組成一個團隊。
3. 從內部加強公司。
4. 在外部擴張公司。
5. 提高利潤。
6. 投資於研發。
7. 投資於有形資產。
8. 做一個優秀的企業人。

第九章

如何找到好顧客

Before you Quit Your Job

選擇顧客時要挑剔

上高一時，我有一次和富爸爸走過一家酒店門口，這時我們聽到一個聲音在高喊：「我一分錢也不會再付給你們！你們沒有遵守合約！」

我往裡望去，只見一個五口之家正站在櫃檯前，怒氣沖沖的父親正對著櫃檯後的服務員——一個身穿夏威夷印花襯衫的本地小夥子高聲叫嚷。「但是您付的只是訂金啊，」小夥子說，「剩下的錢您還該付給我們呢。您不付錢的話我沒法幫您辦入住。本來尾款在一個月前就該交齊了。我們能一直為您保留著房間就很不錯了，這可是我們的旺季。」

「替我留著房間算你們走運！」那位父親怒吼道：「不然的話我的律師會來找你們的！」

「但我們還是需要請您付款。」小夥子並不讓步。

「我告訴你我會付你錢的！你沒長耳朵嗎？先給我們辦入住，然後我就付錢。」那位父親咆哮著：「我這兒有張支票，開給你們的。你先帶我們進房間，然後我立刻就把錢付清。」（那時候還沒有信用卡。）

「您得付現金。支票不行。這就是為什麼我們要求客人提前一個月付支票，這樣我們才有時間結算。」

「你有毛病嗎？」那位父親的聲音從胸腔深處直吼出來。「你們這兒的人聽不懂英語嗎？我告訴你我會付你錢。現在帶我們去房間。我是不是得叫你們的老闆來？」

門口看熱鬧的人聚了起來。為了不影響生意，服務生把一家人堆得小山似的行李挪到一輛行李車上，帶著他們去房間了。

「旅館肯定收不到錢的。」富爸爸邊向前走邊說道。

「你怎麼知道？」我問道。

「我們三年前和那傢伙打過交道。他當時對我們耍的手段也是如出一轍。他住進房間，簽好支票，然後立刻就通知銀行拒付。」

「那他拒付之後呢？」我問道。

「等到我們發現支票無法兌現時，他已經離店了。我們打了一次電話催款，他已經回美國，我記得他們是住在加州。」

「那結果怎麼樣？」

「我們跟他說，如果他不付款的話就會去起訴他，他才答應付我們一半的錢。他說我們的服務不好，他認為我們只配拿到那麼點錢。他說他會發發善心，把餘款的百分之五十付給我們。我們想了想，起訴的費用比剩下的那一半錢還高，就只好同意了。即使是這樣，我們收到他付的那一半費用也是在六個月以後了。」

我們都沉默了，又走了一會兒，我禁不住問：「做生意是不是總會遇到這種事？」

「是的，很不幸，就是這樣。總是有好顧客也有壞顧客。幸好我發現我們的顧客裡百分之八十都是好顧客，只有百分之五像剛才那個人一樣，另外百分之十五居於二者之間。」富爸爸答道。「哦，可笑的是，那個傢伙居然還有膽子來找我們。去年他又打來電話，想要預訂我們這兒的一個旅行團。真是夠厲害的！」

「那你們給他訂了嗎？」

「你開玩笑嗎？」富爸爸笑著說：「我已經把他解雇了。我們的預訂部有一張『黑名單』，上面列著所有不得接待的客人，他也在上面。我們接電話的員工記得他的名字，所以直接告訴他我們的團已經額滿了。」（那時還沒有電腦可以保留客戶資訊。）

「你解雇你的顧客？」我覺得奇怪。

「當然啦。」富爸爸說。「你可以解雇壞顧客，就像解雇一名不合格的員工一樣。如果你不能避免壞顧客，好顧客也不會願意留下，他們很多人都會跑掉。」

「但是如果有人抱怨你們的服務，會不會他們說的也沒錯呢？」我問道。

「是的，」富爸爸答道，「確實經常是我們的錯。我們的員工有時是會犯錯或得罪顧客，這會影響我們整個公司的業務。所以我對於客戶的每次投訴都非常認真。這就像你過馬路時兩個方向都要看一樣，我們要先檢查一下自己有沒有問題，再看是不是顧客的錯。」

「要想解雇人很難嗎？」我問道。作為一個十七歲的年輕人，我覺得解雇人，尤其是一個成年人，那場面一定相當難堪。我自己可做不來那種事。

「解雇人永遠不會是愉快的事，」富爸爸說，「這是每名創業者都要應付的最不愉快的事情之一，然而又是非常重要的。你的工作就是人的工作。人是你最大的資產，也是你最大的負債。有一天你也會遇到不得不解雇人的狀況。我敢肯定那會是你終生難忘的經歷。」

富爸爸和我走進了一家飯館，找了張桌子坐下點午餐。服務員給我們倒了水，遞上菜單，介紹了他們的特色菜就走開了。富爸爸立刻接著講下去：「對顧問們也是一樣。你必須能夠解雇不合格的顧問。如果你的會計或律師辦事不力，或是力不從心，或是他們只知道收錢而並非真心幫助你，你的企業會蒙受損失的。你要是不能擺脫這些壞的顧問而讓企業造成了損失，就是你的責任。壞的顧問給企業帶來的損失要遠遠超出你支付的顧問費。我曾經有一個會計，他給了我很糟糕的稅務建議，結果害我繳了將近六萬美元的罰金。此外，我不得不又花了一萬兩千美元去請了另一家會計公司來，才幫自己擺脫困境。還有，這問題搞得我焦頭爛額，我有好幾個月沒能好好工作，結果生意也大受損失。所以說，作為創業者，你必須清楚你不僅得為自己的錯誤負責，還得為別人的錯誤負責。」

「那你對那位會計很惱火吧？」我問道。

「有，也沒有。我真的難以開口責備他。那時我的生意發展得太快，弄得我無暇顧及諮詢顧問們的水準。我當時覺得會計們反正都差不多。那個會計不懂裝懂，可能是怕丟掉工作吧，結果給我亂提建議。我的生意規模很快就超出了他能駕馭的水準，他根本應付不了。我應該早點叫他走的，但我太忙了。此外，我喜歡他的為人，而且認識他家人。我一直期望他能隨著公司的發展一起進步，不幸的是他沒能做到。最後，我不得不讓他離開，那還是在他的建議給我造成那麼大的損失之後。所以我沒有責怪他，最終該負責任的是我。隨著公司的壯大，顧問人員們要跟著公司一起成長，不然就得離開。這就是我得到的寶貴教訓。」

「解雇他很困難吧？」我問道。

「很難。但如果你不能雇人或解雇人——也包括雇用和解雇你自己——你就不能當一名創業者。記著這點：作為創業者，你的成功或失敗在很大程度上取決於你手下的員工。如果他們的能力夠強，你的公司就能成長壯大；反之則不行。如果你雇人只是因為你喜歡這個人，或因為他們是你的親戚，那麼當你要這些人離開時，你就很難做到。這樣，你的員工的程度就無法提

 做為創業者，你得為自己的錯誤負責，也得為員工的錯誤負責，因此有時還是得解雇員工。

升。要記住，人與人是不同的，他們擁有不同的能力、追求、夢想、作法和經歷。作為創業者，你得懂得和各種各樣的人打交道，否則受損失的還是你。」

「所以你老跟邁克和我說，『領導者的任務就是把人組成團隊。』」

「這可能是最重要的一項任務。要記住，不同的業務吸引的是不同類型的人。比如說，銷售人員通常和行政管理人員不同。他們是差別非常大的兩類人，簡直是涇渭分明，所以你也得以不同的方式對待他們。比如說，在招聘銷售員時，永遠不要讓一位行政人員去面試求職者。他找來的多半不是能力強的推銷員，而是安安靜靜、老老實實的角色。行政人員招來的人多半更喜歡填各種表格，做做文書工作。」

「為什麼會這樣呢？」

「這就叫物以類聚。行政人員認為文書工作才是銷售中最重要的環節，他們對於銷售的艱難毫無概念。這你將來會明白的。一般來說，銷售人員也不怎麼喜歡行政人員。為什麼呢？因為銷售員一般都害怕文書工作，就像行政人員害怕推銷一樣。所以，不要試著讓一位明星銷售員去坐辦公室，或是讓一位行政人員出去上門推銷。」

「那兩者之間最大的衝突是在哪兒？」我問道：「在銷售和行政管理之間？」

「哦，不。」富爸爸斬釘截鐵地說：「一家企業就是一個龐大的矛盾體，它是人類衝突的一個模型。大家的自我意識必然會產生衝撞。看一看B-I三角你就明白個中原因了：企業是一盤大雜燴，把不同的人、脾氣秉性、才能、教育背景、年齡、性別和種族匯集在一起。每天一上班，你遇到的最多的問題可能就是人的問題：銷售員做出的承諾公司無法實現，顧客會發火；律師不同意會計師的觀點；裝配線上的工人認為工程師的設計有問題，等等。管理層和工人們吵、技術人員和創意人員吵、研發部門和人事部門關係不好、上過大學的看不起沒上過大學的，此外再加上性別歧視問題，簡直是一幕幕肥皂劇。大多數的公司根本就不需要競爭對手，因為在公司內部就充滿了競爭對手。有時我簡直無法想像，公司每天就這樣運轉下去，大家居然還都把工作完成了。」

「這就是為什麼創業者必須知道何時該解雇誰吧？如果有人打破了平

衡，整個企業會因為內亂而失控。」

「沒錯。」富爸爸淡淡一笑：「我敢肯定你每天在學校也會看到同樣的景象。在你的同學中間，你就能看出不同性格的衝突了。」

我笑著說：「在我的橄欖球隊、棒球隊、甚至樂隊裡，我也都能看到。」

「所以說每個隊都得有個教練，樂隊得有個指揮，每家公司都得有個領導。領導的任務就是把不同的人組合成團隊。好多小公司之所以成長不起來，就是因為它們的領導者不會或不願跟各式各樣的人打交道。如果做生意根本不用和人打交道的話，就太容易了。」

這時服務員走過來，問我們是否點好了菜。等她走開後，富爸爸又接著講了下去：「我告訴你三個訣竅吧，是關於在公司裡處理人際問題的。第一個訣竅，我把它叫做『眼中釘』原則。每個人都有自己的優點和才幹，也都有缺點和短處——也就是『眼中釘』。任何人，包括我自己都是優缺點兼備。如果一個人『眼中釘』超過他的優點和才幹，那麼就是該讓他換地方的時候了。」

我吃吃地笑著說：「你這個『眼中釘』理論說不定哪天能得諾貝爾獎呢。」

「是該得。」富爸爸說。「這世界上每個需要與人打交道的人都該起立為我鼓掌。」

「那第二個訣竅呢？」我問道。

「雇人要慢，裁人要快。」富爸爸說：「在雇用一個人時，必須非常嚴肅認真。不要心急，要仔細地篩選。而需要讓一個人離開時，要快刀斬亂麻。不少經理們總是給員工太多改過的機會。如果你無法以某種理由解雇他們，那就把他們調到另一個部門，讓他們去做一些無關緊要的事吧，以免他們影響了其他的同事。或許你能幫他們找到新工作，他們也會願意去，甚至能幹得更好。或者為辭退他們多付些錢。從長遠來看，你雖然付了錢，但受的損失可能反而會小一些。記住，你的做法要寬厚，也要合法。你對所有人都要給予應有的尊重。很多次，當我不得不解雇員工的時候，他們都並不生氣，反而都能想通。我發現如果員工們業績不佳，那不一定是因為他們懶惰。很多人只是由於各種原因而情緒不佳。如果身為老闆的你能想出辦法讓他們釋懷，就盡量去做吧。」

「是不是有些人是好員工，只是被分配錯了部門？」

「這種事經常發生。」富爸爸說：「事實上，是我找到了好員工卻把他們分配到錯誤的崗位上，我就是讓他們不快樂的人。」

「那你會怎麼做呢？」

「嗯，很多年前，我有一個年輕夥計，是個很棒的銷售員。他工作很賣力，對待顧客也十分盡心，替公司和他自己賺了不少錢。於是，過了幾年後，我把他提拔為銷售經理，讓他管理十二個人的銷售團隊。他頭一年做得還不錯，但之後就開始經常遲到，銷售日漸下滑，他的手下也對他不滿。」

「你把他解雇了嗎？」

「沒有，我那樣想過，但我覺得最好還是再聽聽他的想法。於是我找了一個時間，坐下來和他傾心交談了一次。我終於找出了問題所在：我雖提拔了他，卻是把他變成了一個行政管理人員，讓他去做他最討厭的文書工作。哦，當然了，他有了一個響亮的頭銜——銷售副總裁。他的薪資更高了，有了公司的專車，但他討厭那些堆積如山的文件和沒完沒了的會議。他只想走到大街上去，去見他的客戶。」

「結果他回去做銷售了？」

「當然！好的銷售員是可遇而不可求的。我給他加了薪，給他一間更大的辦公室，為他保留了專車。他自己賺得更多了，也為公司賺了更多錢。」

「那第三條經驗又是什麼呢？」我問。

「第三條經驗是：世界上有兩類溝通者，」富爸爸說，「在憤怒或鬱悶時，第一類溝通者會來跟你當面說，他們會把牌攤在你面前的桌子上。」

「那麼第二類呢？」我問。

「第二類會在背後捅刀子。他們會造謠、傳閒話、說你的壞話。他們會跟別人抱怨你，但永遠不會當著你的面。這些人只能算是膽小鬼。他們缺乏面對你的勇氣，不敢坦率直言。他們還經常把自己的怯懦歸咎於你，說是因為你太專橫、不願聽他們的意見，還會把他們解雇。他們對你的看法也有可能是對的，但總體來說，這類人喜歡在背後議論，而不是當面說清楚。」

「那你怎麼對付這一類人呢？」我問。

「哦，辦法之一就是，每次開會我都會提醒員工注意這點，然後就隨他們去。我會跟他們說：『有人喜歡當面直說，也有人喜歡背後議論。你們是什麼樣的人呢？』一旦大家心裡都對這兩類人有了數，他們就會想起誰老是喜歡捕風捉影或是在背後說人壞話。這並不能完全制止住那些人，但會使情況有所改善，大家整體的交流效率會提高。我還告訴他們說，如果有人要刺傷我的話，最好是從前胸而不是後背。所以我並沒告訴他們該怎樣做，只是讓他們自己選擇。」

「你有沒有前胸被刺過呢？」我問。

「哦，有好幾次呢，那是我活該。我需要有人糾正我、提醒我的錯誤。我的前胸被刺得愈狠，今後有人在背後刺我時我就傷得愈輕。」

「那麼大家是不是都很怕被解雇呢？」

「大概是吧。」富爸爸微笑著說：「不過溝通很重要。這就是為什麼出色的溝通技巧在商業世界裡如此重要。有時候，說的是什麼不重要，重要的是你說出來的方式。所以，如果你要和人溝通的是一些不愉快的話題，你就該盡量激發你的創造性思維，找出一種最溫和、最善意的方式來說出你必須說的話。而且永遠要記住，交流並不只是『說』，交流也包括『聽』。如果兩個人心裡有火氣，又搶著說話，那麼衝突就增加了，而交流就減少了。上帝賜給我們兩隻耳朵一張嘴的原因，就是讓我們少說多聽。」

「那麼就是說，創業者很大一部分工作是在處理人的問題，而在溝通必要的資訊時，溝通技巧非常重要。」

富爸爸點點頭，接著說：「領導力需要有出色的溝通技巧。要想成為一名更好的創業者，你就得集中精力提高你的溝通技巧。開發領導能力的第一步就是鍛鍊自己面對面交流的能力，並且不斷提高它。如果你是屬於背後捅刀子那類的溝通者，我將很懷疑你的公司能不能發展起來。創業精神屬於那些有勇氣的人，而不是懦夫。如果你能持續不斷地改進你的溝通能力，你的企業就有希望成長壯大。但要記住，即使一個人一直在說話，他也不一定是在交流。在銷售上，『說』不等於推銷。溝通可比只動動嘴皮子要複雜得多。」

在富爸爸享用他的午餐時，我靜靜地坐在一邊，思緒又回到了那位惱火的一家之主——我的富爸爸曾經解雇的顧客身上。我問道：「所以說，你們在拒絕那個壞顧客的時候，告訴他你們客滿了。這樣比直接說出你們對他的看

 溝通交流包括「說」和「聽」兩部分，
要用最溫和、最善意的方式說出必須說的話，這就是領導力。

法要好，是嗎？」

「是的，作為創業者，你的任務之一就是保護你的公司和員工不受廉價顧客的攪擾。所謂廉價顧客，就是那些想要白吃白喝的人。我必須找到一個方法解雇這樣的顧客，但又要避免不必要的麻煩。如果我直接拒絕這樣的顧客，他們是會在背後捅刀子的。這就是為什麼我總是強調：在拒絕廉價顧客時，要表現得禮貌和委婉。」

「這樣歧視沒錢的顧客難道不是很殘忍麼？」

「我說的不是沒錢的顧客，」富爸爸提高了聲調說，「我用的詞是『廉價』——廉價的顧客，而不是窮人。這兩者是有區別的。富人中也有廉價的顧客，這與他們是否有錢無關，而是一種心理狀態，有時候我甚至覺得那是一種心理疾病。還有，我也無法把廉價顧客和喜歡討價還價的顧客歸為一類。其實每個人都喜歡討價還價。我們都希望自己花出去的錢物有所值，但廉價顧客卻總是以損害別人的利益為宗旨。一個廉價顧客幾乎和小偷差不多，或者說他們就是小偷，只不過他們偷的不是錢，而是你的時間和精力，他們也偷走了你的好心情。」

「像遇到剛才發生的那件事，一個蠻不講理的顧客會起訴你的公司，官司會拖上好幾個月。如果是那樣的話，倒不如乾脆讓他住霸王店算了。不然，在整整幾個月的時間裡，你工作以外的生活都會被攪亂。這種人似乎天生就喜歡搗亂，他們會不斷改變主意，總是會假稱我們對他做出過一些什麼承諾。就算明明已經談好了價錢，他們轉過頭還會再次殺價。他們似乎就是很享受這種感覺。讓我們花費時間最多的總是這些人，而不是我們的好顧客。所以，壞顧客會讓好顧客受損失，這就是為什麼我說必須解雇廉價顧客。他們讓我們付出的代價太高昂了。這是一個非常重要的經驗，如果你想要自己創業的話就得記住這點。永遠要記住，要把你的好顧客悉心照料好，同時擺脫廉價的顧客。」

如何找到好顧客

在商業世界中，有一個非常關鍵的詞——利潤，它和現金流一樣重要。事實上，這兩個詞的關係是非常緊密的。

用最簡單的解釋，利潤是生產成本與產品售價之間的差別。比如說，假設你生產一個小飾品的成本是兩美元，而你用十美元把它賣了出去，那你的毛利潤就是八美元。

產品的毛利潤之所以非常重要，有以下三個原因：

1. 毛利潤為B-I三角的其他部分提供必要的資金。看一看這個B-I三角圖形，你會發現，一個產品的毛利潤必須提供足夠的現金流才能維持三角的其他部分的運轉。你得靠利潤支付員工的薪資、律師費、運行公司的系統、做產品行銷。此外，會計費也屬於你的運營成本之列。

2. 利潤決定了產品的價格。顯而易見，利潤愈高，產品的價格就愈高。

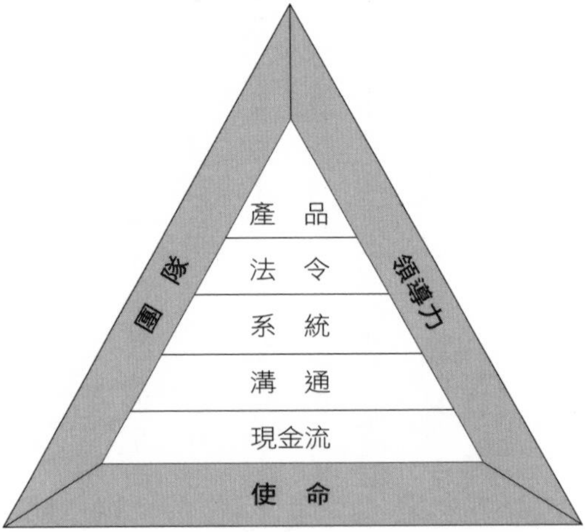

3. 產品和價格決定了你的顧客。為幫助你弄清這一點，讓我們以汽車行業為例吧。大家都知道勞斯萊斯是非常昂貴的汽車，而它吸引的是某一類的顧客；如果勞斯萊斯突然宣布開始生產廉價車型，很多有身分的顧客可能就會流失。

錯誤的車子──錯誤的價格──錯誤的顧客

不久前，積架（Jaguar）宣布停止生產低價車型，因為他們發現低價車型影響了公司的銷售額。在二〇〇四年虧損了七億美元之後，他們終於意識到應該停留在高價汽車市場，而不是試圖獲得中價車市場的商機。

今天，很多品牌的產品都是在同一間工廠生產的。比如說，一家牛仔褲廠既可以生產高價牛仔品牌，也可以生產低價牛仔品牌。它們其實差不多是一種產品，但高價品牌可以藉由完全不同的管道以更高的價格售出，好比說被掛在第五大道的 Saks 專賣店裡。如果一個高價品牌公司想要推出一個低價品牌，那他們最好造出一個新的牌子，並發展起不同的管道，比如說放在超市的大賣場裡。他們生產同樣的產品，但貼上不同的品牌，標著不同的價錢，吸引的是不同的顧客。

所以，要想找到好顧客，你就得讓產品和價格貼近顧客的喜好，達到他們的需求、意願和心理滿足度。很多時候，顧客的心理滿足度比他們的實際需求更重要。

你的產品值多少錢？

一九九六年，在現金流遊戲處於最後的生產階段、即將推向市場時，我們面臨的下一個問題就是：這個遊戲值多少錢？我們能把它賣到多少錢？如果你們曾經見到過我們的遊戲，你們或許能夠理解我們面臨的困難。在金和我第一次看到遊戲的成品時，我們倆都像驕傲的父母一樣得意。不過我們也擔心：包裝非常漂亮，但它看起來更像是一個娛樂遊戲而非教育工具。我們把它設計得時尚生動，為的是讓大家學習的過程充滿樂趣。但在看到最終的產品時，我們開始猶豫了，大家願意為了樂趣花多少錢呢？

我們希望人們能瞭解這是一個教育工具，但是，還是同樣的問題，大家為了受教育又願意花多少錢？在第一次看到我們的成品時，金和我知道：我們正面臨著嚴峻的行銷決策。

為弄清市場對我們產品的可能的反應，我們再一次找來一群陌生人展開測試。我們問他們對包裝的感覺如何，答案南轅北轍，有人說「棒極了」，有人說「愚蠢透頂」。參加測試的人並不知道我們就是遊戲的設計者，所以他們說話都很直率，有時也很傷人。

我們接著問，他們感覺多少錢比較合適。在不瞭解這個遊戲及其背後故事的情況下，大家的建議從一九點九五到三十九點九五美元不等。這更讓人沮喪。因為在那時，我們的遊戲不算運費，光生產成本就要四十六美元，更不要說研發費用了。看來產品還沒上市就是賠錢的，更不要說我們B-I三角的其他部分還指望它呢。在我生產尼龍錢包時，在製造商中有一句流行的話：「如果一件產品讓我虧兩美元怎麼辦？那就大量生產。」

聘請顧問

我們聘請了一位在桌上遊戲企業很有經驗的顧問。在試玩了現金流遊戲之後，他談了他的看法。他的第一個評論是：「遊戲太難了。」他說：「現在的人們變笨了。如果『大富翁』遊戲是在今天推出的，它也會被市場拒絕，因為它對今天的人們來說也太難了。現在的遊戲必須簡單到所有遊戲規則能在幾分鐘之內被弄懂的程度。」

我們還向他請教我們的遊戲應該賣多少錢合適。他答道：「零售價可以達到三十九美元，這也就意味著你賣給商店是二十美元，如果你要賣給沃爾瑪這樣大連鎖店，價錢還得低。為上到他們的貨架，你可能得把批發價壓到十塊。

再加上，如果遊戲上到一間店的貨架上，會有更大的退貨問題。他們也許會因為好玩而買這個遊戲，因為你的包裝看起來很好玩，也跟其他的遊戲擺在一起。但是他們一旦發現這有多麼難玩，而且這是教育性的，很多人都會把遊戲退回店家，並要求退錢。你們可能會因為退錢或損壞的退貨而得到了極大的損失。」

尋找新的答案

很顯然，我們的遊戲並不適合大眾市場。我們知道只有少數人，也就是那些重視財務教育的人才會重視它。問題是如何在茫茫人海中找到這些人。我們很難用人口特徵來歸類我們的遊戲應該針對哪個人群。比如說，如果我們寫一本親子書，推廣它是很容易的，只要把它擺到所有父母會去給孩子買東西的地方就行了。但我們的遊戲卻人人都能玩，孩子、成人、男人、女人、富人、窮人，只要他們懂得財務知識的重要性，就會喜歡它。我們還知道，只有有眼光、有遠見的顧客才會購買我們的產品，因為多年的財務教學經驗告訴我們：雖然很多人都想獲得更多的財富，但真正願意花時間學習相關知識的人卻寥寥無幾。我們的困難就在於要尋找到需要我們遊戲的人，也就是需要其中的知識的人。

在一個行銷研討會上，我學到了5P的理論，也就是在銷售一種產品時行銷者必須瞭解的五件事。由傑羅姆・麥卡錫所提出的：

- Product（產品）
- Person（人）
- Price（價格）

• Place（地點）

• Position（定位）

作為一個行銷人員，他必須瞭解產品是什麼，需要這種產品的人是誰，他們想付的價格是多少，以及如何確定自己在市場上的定位，比如最大、最小、最好、最差等等。

創業者們一般都喜好解決商業問題，大體來說我也是。但這個問題難住了我。我所知道的只是頭兩個P。有一天，一個朋友打電話來，說他要來鳳凰城參加一個學習研討班，問我願不願意一起去。我聽到有這個機會，高興得跳了起來。

那天房間裡坐了大約滿滿三百人，藉由觀察，我覺得他們大部分都是創業者，他們看起來都不太像公司職員。老師是一個精力充沛的傢伙，他在大談廣告公司如何浪費你的錢，替你製作一些價格昂貴、花俏的電視廣告，卻毫不管用。這點我很同意他。他說道：「行銷的目的就是讓你的電話響起來。你要用這些廣告代理公司的話，你的電話鈴僅有一次響起，那肯定是他們想讓你做更多的廣告，他們好賺更多的錢。問一問他們，他們是否真能對你的銷售有貢獻？如何衡量？在很多情況下他們什麼保證也做不了。他們所想的只是為自己的公司贏得廣告創意大獎——用你的廣告費。」

銷售＝收入

這個研討會正是我想找的。它介紹的是小公司該如何做行銷，而不是動輒花上幾百萬廣告費的大公司的做法。那位教師經驗豐富，介紹了很多真實的例子。他所提到的其他一些觀點包括：

1. 創業者必須是他公司裡最好的銷售人員。
2. 創業者必須是他公司裡最好的行銷人員。
3. 行銷工作必須帶來銷售，而不只是漂亮的廣告。

雖然上面的觀點似乎十分淺顯，但你可能會驚訝有多少創業者都把如此重要的工作委託給廣告代理商了事。廣告代理商一般只有大公司才請得起，在剛起步的小公司裡，創業者本人必須積極地承擔起大量的行銷和銷售工作。在資金有限的情況下，每花出去的一美元都得帶來銷售，因為銷售就等於收入。

富爸爸把「銷售=收入」這個觀念牢牢地放進了我的腦子裡。他還會說，這麼多人收入低的原因就是他們銷售不行。要是他聽到了那個講座，他也會喜歡的。那位老師堅定地信奉一個原則：行銷必須帶來銷售，而且其貢獻必須是可以證明和衡量的。

那一天的研討會快結束時，我已經找到我需要的答案。在談到如何為一種產品定價時，那位教師說道：「任何一種產品都有三個定價點：低價、高價和中等價位。最差的一種定位就是中等價位。沒人會記住你是誰。想要讓自己的產品價格最低的話，你面臨的問題就是，總有人能想出辦法用低於你的價格賣同樣的商品。要在價格大戰中獲勝，你就得不斷地壓縮自己的利潤。最後，你的客戶群中就充滿了廉價顧客。」

這時我想起了多年前和富爸爸的那番關於廉價顧客的談話。等思路轉回來，老師已經在談論為何高價是最好的定價策略。他說道：「在我還是一個沒有名氣的行銷顧問時，我總是把自己的諮詢費用設定得很低。問題是，我的開價愈低，我的顧客中就有愈多廉價顧客。很快，我的時間就不是花在提供服務上，而是花在和這些人催帳上。後來我把費用提高了一點，加入了眾多中等顧問的行列。結果還是一樣麻煩，因為我的大部分時間都花在和顧客討價還價上，而不是提升我的服務價值上。然後有一天，我決定做一件看似愚蠢的事：把我的諮詢費定到全行業最高的水準。我的服務費不再是每小時五十美元，而是每天兩萬五千美元。如今我工作得比以前要少，賺得比前多，而且和更優秀的客戶群打交道。」

在我聽到他每天收費兩萬五千美元時，我的頭腦中也思緒翻騰。我想，我就是他所不齒的那類廉價的顧客吧。這使我十分震驚，我意識到正是我自己的廉價造成我在遊戲的價格問題上舉棋不定。我只看到了價格，而沒有看到遊戲的價值。

「不要為賣便宜貨而打得焦頭爛額，」教師高聲說道，「便宜貨只能吸引來廉價顧客。」

我的思緒再一次飄遠，想起了富爸爸是多麼厭煩和廉價的顧客打交道。

富爸爸說道：「你該為特別的顧客設計你的產品，並制定出相應的價格。你的行銷就是為了想辦法接觸到這些特殊的顧客。要有創造力，不要把自己變得廉價。在地下室裡賣破爛不會讓你找到好顧客。」

出書優先

那天晚上我回到家，和金開了個會。我說的第一件事就是：「我們的遊戲應該賣兩百美元。我們要把它定位成世界上最貴的遊戲。這不只是一個遊戲，而是一個盒裝的教學培訓班。」

金表示同意。她沒有為把一個遊戲賣這麼高的價格而猶豫——就算在我們做市場調研時，大家提出的最高售價不過是三十九點九五美元。

「我們詢問的是那些可能永遠也不會成為我們顧客的人。很多人都是喜歡買便宜貨的消費者。我們需要找到那些知道教育的價值並願意為此付出金錢的消費者。」

「我們得想辦法找到他們。」金補充道。

「出書是我們的首要任務。我們先不要一直想著推銷遊戲，而是先去推廣我們的書。這本書會幫助我們找到我們需要的顧客。它將成為我們公司的宣傳手冊。」

在那段時間，我正在寫作《富爸爸，窮爸爸》。「現在我們得把遊戲的內容編入到書中。」金說道。

「讓我們回到開投資研討會的路上去，讓我們像針對那些多年熟悉的老顧客那樣來寫吧。

就是這樣了。我們完成這本書，而且我們還回去開研討會給那些為了財務教育而付錢的人吧。我們已經這樣做了好幾年。這是一個低風險的主意。我們對這事業熟悉，而且我們知道如何吸引到客戶。

換句話說，戰略還是一樣。我們的唯一戰略就是讓大家來玩現金流遊戲。現在我們關注的是戰術，如果戰術得當，人們就會來玩這個遊戲。」

我們達成了默契，我們已經是合而為一的團隊。

「那麼，為什麼是兩百美元呢？」金問。「你是從何得出這個價錢的？」

「一開始，我著實花了點兒時間琢磨定價，」我說。「不過，在那次研討會上，老師說到『更高的價格會讓人們感覺到更高的價值』時，我就如同醍醐灌頂一般。那時才意識到我太廉價了，我用廉價的眼光看待自己的產品，而不是看到遊戲隱含的價值。所以我沒把價錢定價五十九美元，這還是讓人感覺很廉價，我處於中間，而不是頂層。我曾在心裡評估九十九美元這個價錢，我覺得可以。當我覺得我的確不難以這樣的價格賣出遊戲時，我就意識到我還沒有達到頂端。當我想到兩百美元這個價格時，我覺得有點無法接受了，那時我才知道這已經超出了自己的接受範圍，這才找到了我要的價格。」

「好吧，這肯定能帶給我們很高的利潤。我們的公司將迅速成長。」金說。

「所以說，我們可以藉由傳統的分銷通路來推廣我們的書。這也就是5P中的Place（地點）——將產品放置到那些潛在顧客能接觸到的地點。我們不需要故意壓低價格來適應通路，我們就做一本正常價格的書，把它放到圖書分銷通路中去吧。」

「書會幫我們把遊戲賣出去，或者至少能幫助我們找到顧客。我們還可以藉由研討會銷售遊戲，」金總結道，「但每個遊戲賣兩百美元，背後還應該有一些別的東西。」

「好的，」我開始慢慢地說，「如果你把遊戲和遊戲相比，這個遊戲確實不值兩百美元。但如果把教育和教育相比，這個遊戲真是不算貴。只要想一下上大學要花多少錢和多少時間就知道了。再說，在學校裡根本學不到什麼和金錢、投資有關的知識。再看看人們在股市上的損失有多慎重吧。這麼多人想要投資，知道他們應該投資，卻沒能做到，原因是他們缺乏財務知識。這個遊戲能幫助人們致富、獲得財務自由。」

「人們花兩百美元買一個遊戲，會不會心疼呢？」金問道。

「很多人都會心疼的，他們永遠不會買這個遊戲。」我答道：「如果我們把遊戲的價錢定在兩百美元，人們在購買前一定會花更長的時間來評估一下它的價值。而這正是我希望他們做的。希望這個價錢會讓他們明白，這個遊戲不只是娛樂那麼簡單。」

「還有，想一想一個遊戲能讓多少人用吧。一個兩百美元的遊戲可以供幾百人玩，」金說，「並不需要每個人都買它。」

「這就是為什麼我們的唯一戰略就是讓人們『玩』這個遊戲，而不一定是『買』這個遊戲。重視教育的人會願意花這兩百美元，也更會願意花時間從遊戲中學習。他們學習的唯一方式就是邀請別人來玩。這樣，這個遊戲立刻就達成了它的使命。玩這個遊戲的人愈多、被邀請的人愈多，玩遊戲的平均成本就愈低，遊戲的價值也就愈高。現在我們所要做的就是：找到認可這種教育的價值並且願意付錢的人。」

「我們還要讓遊戲變得難以獲得，讓人們不那麼容易找到它。我們必須想出一些聰明的辦法告訴消費者可以藉由我們的網站找到我們的產品。」我說：「我們要對人們獲取這個遊戲有更嚴格的控制，而不是把它當成路邊攤貨一樣推銷，這樣才能彰顯出它的教育價值。否則的話，人們會把它當成一個可有可無的大眾玩具，而不是一個教育工具。」

「如果這樣行不通，該怎麼辦呢？」金問道。

「那我們就再想別的主意，」我答道，「只要你有創造力，不愁沒主意。我們的戰術是低風險的。有了書和學習班，這就是兩個收入管道，遊戲賣多賣少就不那麼重要了。這樣，我們就能給這個遊戲一個機會，讓它找到它真正的玩家和自己的銷售通路。這是一個有價值的產品，我們的計畫會奏效的。如果我們的顧客看不到遊戲的價值，我們就把公司關了。只有時間才能證明一切。」

就像前面說過的，遊戲的商業版第一次正式亮相是在拉斯維加斯的一個投資研討會上，那是一九九六年十一月。二〇〇四年二月，在看到《紐約時報》上的整版報導時，我知道我們的遊戲已經找到了它正確的受眾。

我們已經售出了好幾萬套的遊戲，在世界各地有許多現金流俱樂部，定期組織起來玩我們的遊戲。沒什麼人抱怨它的價格。我們的退貨率低於百分之一。我們為遊戲找到了正確的顧客。

發展你的行銷策略

5P是你制定行銷計畫的一個簡明的指導。在你辭職之前，請記住以下這些要點：

1. 在任何市場上都有三種價格定位。最高價、中等價和最低價。你需要決定一下哪一種價格最適合你。永遠要記住，中等價可能是聽起來最合理的，但這個區間也永遠是最擁擠的。隨波逐流是很難顯得出眾的。

2. 低價領導者所做的不僅是降低價格。低價戰場上的勝利者總是能做到一些競爭對手無法做到的事。比如說，沃爾瑪的產品和其他許多零售商一樣，而沃爾瑪卻擁有一個更優越的零售系統，可以在微利的情況下賺很多錢。富爸爸說：「每個傻子都能做到流血拍賣。而聰明的生意人卻能在降價和降低利潤率的情況下致富。」他還說：「如果你選擇在低端市場上競爭，你就得比在高端市場上競爭的生意人還優秀。」由於我不是那麼好的生意人，我還是選擇了比較容易的高端市場。

3. 如果你在你的細分市場上把產品價格定得最高，那麼你就必須給消費者一些你的競爭對手不能給的東西。如果你對於高端市場還缺乏瞭解，那麼就先做一做功課吧。你可以去一個高價汽車零售店看看，再去一個低檔車零售店看看。或是先去一家豪華酒店，再去一家小旅社。藉由觀察它們之間的區別，你就能找到方法定位你的產品和顧客了。你得知道價格愈高，消費者的數量就愈少，你就需要做得愈專業。永遠不必問大拍賣中搶貨的顧客對勞斯萊斯有何看法。

4. 不要嘗試向所有的顧客銷售所有的東西。如果你想要高端與低端兼顧，那就做兩個牌子吧。你知道，本田有雅哥，而豐田有凌志。在我看來它們差不多是一樣的車，而顯然本田和豐田的行銷者做了很出色的工作，讓人們感覺他們是在銷售完全不同的兩種車。就像本章中前面所講的，行銷需要滿足顧客的願望、需求或自我心理要求。在很多情況下，後者能帶來最大的購買力。

5. 定價不要便宜，要高。我知道人們看到我的遊戲時會因為它的價錢而畏縮猶豫。我們卻沒有降價，而是在其中添加產品，再提高一整套的售價。就像富爸爸說的，「銷售=收入」。所以，我們沒有像別人那樣降價和削減利潤，而是提高了產品對客戶的使用價值，以使客戶滿意。

6. 能力差的銷售人員總是盼望有點新產品可以銷售。我在全錄工作時，最差的銷售人員總是會說：「我們要是能有點兒新產品，我就能多賣一些了。」很多企業都掉進了這個陷阱。當銷售業績下滑時，他們就開始尋找新產品，導致直線型擴張的現象。當直線型擴張出現的次數過多時，顧客會被太多的產品搞暈，公司裡自己的產品互相競爭。富爸爸說，「不要找新產品，要找新顧客。」他還說：「聰明的創業者懂得保持現有客戶的滿意度，同時為現有的產品不斷尋找新顧客。」

7. 找那些擁有你想要的客戶群的公司做戰略合作夥伴。在本書前面的部分，我寫到了三類財富——競爭財富、合作財富以及精神財富。要想快速積累財富，同時又能降低風險，方法之一就是與人合作，贏取合作財富。

8. 好好對待你最好的客戶。網際網路使得我們能夠比以前更好地與客戶保持聯繫。黃金定律是：把重點放在讓你最好的客戶滿意上，因為他們不僅會從你這裡買更多的東西，還會跟他們的朋友說起你，這是各種行銷手段裡面最棒的一種，即口碑效應。在對待你最好的客戶時，你的做法要有新意。有時小的創業公司能夠打敗大企業集團的原因就在於，小公司更有創意，或是能更快地拿出創意。

總結

永遠要記住5P，記住你的「特殊產品」是給「特殊的人」的。

你的產品價格必須能滿足那部分人群的需求、願望和精神需要。至於精神需要，我們每個人都喜歡買到超值的物品。不過同樣的，我們每個人也都喜歡讓別人知道：我們花了一大筆錢買了一樣只有極少數人肯買或能買得起的商品。所以精神滿足是購買高端產品的動力，也同樣是購買低價產品的動力。

而你銷售產品的地點——也就是消費者在什麼地方能夠找到它——也是至關重要的。永遠要記住：不要在停滿便宜車的二手車市場上銷售新款法拉利。如果你把產品放錯了地點，銷售就會減少。《富爸爸，窮爸爸》剛印出來後，我們曾經把書放到我們朋友在德克薩斯的一個有洗車場的加油站銷售。為什麼要放在洗車場呢？因為來這裡的人們都願意在加油的同時花錢洗車。如果我們把書放到廉價加油站，可能一本也賣不出去。

至於定位，你想的應該是當第一。我們都知道林白是第一個獨自飛越大西洋的人，但誰會知道第二個是誰呢？如果你沒能在自己的領域裡成為第一，那麼就換一個你能成為第一的領域吧。在我們的遊戲還不為人知時，我們就成為了高價遊戲領域中第一個標價如此之高的。如果你擁有一家熱狗店，你可以說這是你擁有的第一家熱狗店。當艾維士租車把第一的位置輸給赫茲租車後，他立刻成為第一個宣稱自己得第二而驕傲的人，同時提出了他們的口號：「我們更努力」。總之，你第一個該進入的地方是你的顧客的心裡。比如說，當你想到汽水時，你是會首先想到可口可樂還是百事可樂呢？在你的特殊消費者想到你的產品領域時，他們是首先想到你，還是想到你的競爭對手？最終，一名創業者最重要的任務還是讓產品或服務在顧客的頭腦中占據首位。

第十章

總　結

Before you

Quit

Your Job

知道何時逃跑

不喜歡你現在的工作並不能成為辭職創業的理由，可能這聽起來算得上一個理由，卻不是一個足夠有力的理由，它缺乏一種強大的使命感。雖然每個人都有可能成為創業者，創業精神卻不是人人都具備的。

有一句老話說：「勝利者永遠不會逃跑，逃跑者永遠不會勝利。」我個人不同意這句話，它未免有些武斷。在我的經驗中，勝利者也應該知道何時逃跑。有時，在生活中，你得懂得止步。如果你發現自己走進了死胡同或是誤入歧途，最好能勇敢地承認。

在我看來，真正的逃跑者是僅僅因為一件事遇到了困難就逃走的人。我在生活中也多次扮演過逃跑者的角色，我曾經逃過減肥專案、逃過健身課，我也曾從女友身邊逃開，從生意、寫作和學習等事情中逃開。每一年我都會把一些事情推到「明年」，以此為藉口逃開。所以，我知道什麼是逃跑，我是一個逃跑者。

我的創業過程之所以沒有半途而廢，是因為我真的太想成為創業者了——

做夢都想。我想要享受那種自由、獨立和財富，想要像其他成功的企業那樣為這個世界做出貢獻。即便如此，那個強大的「逃跑」念頭還是時時糾纏著我，等待我掉進它的陷阱。在我身無分文或是欠了一大筆錢時，逃跑是最容易的事；在債主來要債時，逃跑是最容易的事；在稅務局催繳稅款時，逃跑是最容易的事；在專案失敗或是合夥人離去時，逃跑也是最容易的事。每當我遇到困難，逃跑的念頭就如影隨形地跟著我、等待著我。

對我來說，成為創業者是一個旅程，一段我還在走著的旅程，我得不斷地學習新的東西。我喜歡經商，也喜歡解決商業問題。有不少次我為了遏制長期虧損不得不關掉一家公司，掉轉方向重新開始，但從我創業的整個旅程來看，我從未在這個旅程中逃跑過——至少到現在為止是這樣。這是一個我喜歡的旅程，帶來我想要的生活。所以，就算其間充滿艱險，我還是覺得十分值得。不過，對我來說充滿艱險並不代表對每個人都充滿艱險。我寫作這本書的目的就是幫助那些尚未或剛剛走上這個旅程的人走得更順當些。

在結束本書之前，我想告訴你們一件小事，正是它鼓舞著我不斷前進。那就是黑暗中的曙光，往往出現在最黑暗的時刻。在我經營錢包生意的那家公司的辦公室裡，我曾經把一張紙條黏在電話機上——那張紙條本來是包在一顆中國的幸運糖果裡的。上面寫著：「既然任何時候都能逃跑，又何必急著現在逃呢？」在那些艱難的時刻，我能為自己找到太多逃跑的理由。然而，每當我掛上電話，看到幸運糖裡的那句話時，我就告訴自己：「我很想逃跑，不過今天還是算了，明天吧。」幸好，那個明天一直沒有到來。

辭職前，我提這些要點

1. 檢查一下你的態度。態度決定一切，我們不提倡為賺錢而當創業者。想賺錢還有更容易的方法。如果你不喜歡經商和其中將要面臨的挑戰，創業就不適合你。
2. 在B-I三角的五個層次上獲取盡可能多的經驗。在以前的書中，我們建議為學習而工作，而不是為賺錢而工作。不要為錢而接受一項工作，而應該看重它能帶給你的經驗。比如說，如果你想獲得一些關於商業系統如何運行的經驗，就在麥當勞找一個兼職工作吧。當顧客對你說「我要一個大麥克和一包薯條」時，你會驚訝於接下來發生的一切。

你會看到世界上設計得最好的商業系統立刻開始運轉，而運行這個智慧系統的人們平均都只有中學學歷。

3. 永遠記住「銷售=收入」。所有創業者都得擅長銷售，如果你不精於此道，最好在辭職前盡可能獲取這方面的經驗。我曾聽唐納・川普說：「有些人是天生的銷售員，其他人只能靠學習。」我並不是一個天生的銷售員，而是經過了艱苦的訓練才具備這樣的能力。如果你想要得到好的銷售培訓，可以考慮加入一家直銷公司。

4. 要保持樂觀，也要面對現實。在《從A到A+》一書中，吉姆・科林斯對於如何面對現實做了精彩的論述。他寫到他去採訪斯多克威爾上將——越戰期間被拘留時間最長的戰俘之一。當他問到上將在他的牢房裡先死去的都是些什麼人時，上將毫不猶豫地答道：「樂觀的人。」在戰俘營中活下來的人都是那些能夠面對殘酷現實的人。不過，要注意「面對現實」和「悲觀」之間的區別。我知道有人明明能做成的事也說做不成，也有人腦子裡記住的全是些負面的新聞報導。消極的人或悲觀的人，與殘酷的太過現實的人不同。

5. 你是怎麼花錢的？有太多人在他們的財務狀況中苦苦掙扎，因為他們不知道該怎麼花錢。太多的人花出去的錢如同丟到水裡。而一名創業者需要知道如何花錢並且賺回更多的錢。這並不意味著要變得一毛不拔，而是說要懂得何時花錢、花在什麼上面、該花多少。我看到過很多一心省錢的創業者最終還是倒閉了。比如說，在生意下滑時，他們不是花更多的錢做行銷，而是一味削減成本，結果只能更糟。這就是一個在錯誤的時機做出錯誤行動的例子。

6. 建立一家企業作為練習。沒人能在沒有自行車的情況下學會騎車，也沒人能在尚未創辦企業的情況下學會經營企業。在弄懂了B-I三角之後，就快點開始行動吧，不要沒完沒了地計畫了。就像我總是說的：「保留你的全職工作，再開辦一個業餘時間可以經營的生意。」

7. 願意求助。富爸爸經常說：「是傲慢造成了無知。」如果你在某些事情上不清楚，就去問一問懂的人。當然，也別做一個討人厭的傢伙，事事都找人幫忙，在求助和依賴之間是有一條界線的。

8. 找到導師。富爸爸是我的導師，我還有許多其他的導師，讀一些有關偉大創業家，比如愛迪生、福特和蓋茲的書，這些書也可以成為你最好的導師。我最喜歡的一位創業者是賈伯斯——蘋果電腦和皮克斯公司的創始人。我不僅喜歡他的風格，也喜歡他公司的文化。一名創業者所要做的最重要的事情之一就是建立起強大的企業文化。就像前面說過的，在富爸爸公司，我們就在努力培養一種熱愛學習和鼓勵自由發展的文化。

9. 進入一個創業者的圈子。物以類聚，人以群分；在每一個我曾生活過的城市中，都存在著各式各樣的創業者團體或協會。我建議你去參加一些這樣的聚會，找出一個適合你的機構。這樣，你就能讓自己身邊出現很多的志同道合者，他們在那裡尋求幫助，也樂於助人。你可以打電話給當地的商會或小企業協會，要一份會議和研討會的時間表，在那些會議中有很多寶貴的資訊和資源在等著你。有一個機構曾給我留下深刻印象，它叫「青年創業者組織」；儘管我要加入那些年輕人為時已晚了，卻被邀請去演講過幾次，那些年輕會員的優秀素質真讓人刮目相看。

10. 踏踏實實地走過創業歷程。很多人不辭職創業是因為創業的過程非常艱苦，尤其是在起步階段。我建議你拿B-I三角做基礎，好好地研究它、弄懂它。這可能需要一些時間，但如果你這樣做了，回報會是豐厚的。就像富爸爸說過的：「創業是一個過程，而不是一個工作或職業。」所以，要踏踏實實地走過這個過程，而且要記住，即使在最困難的時刻，美好的未來也在向你招手。

這麼多年來，我聽到很多人說過，人要有遠大的目標。目標雖然很重要，但過程和使命比目標更為重要。

富爸爸曾為他的兒子和我畫下左邊的圖：

他說道：「如果你想設定一個遠大目標的話，你就需要一個強大的使

命作為動力，推動著你完成中間的過程。只要使命足夠強大，你什麼都能獲得。」

感謝你閱讀此書。如果你決心成為創業者或是已經走在創業的路上，我們祝願你取得最輝煌的成功！

羅勃特・T・清崎

gobooks.com.tw

RD 004

富爸爸辭職創業

Rich dad's before you quit your job :

10 real-life lessons every entrepreneur should know about building a multimillion-dollar business

作　　者　羅勃特．T．清崎
譯　　者　張樺
編　　修　王立天、高偉勛
書系主編　陳翠蘭
編　　輯　嵇景芬
排　　版　趙小芳
美術編輯　斐類設計
出　　版　英屬維京群島商高寶國際有限公司台灣分公司
　　　　　Global Group Holdings, Ltd.
地　　址　台北市內湖區洲子街88號3樓
網　　址　gobooks.com.tw
電　　話　（02）27992788
電　　郵　readers@gobooks.com.tw（讀者服務部）
　　　　　pr@gobooks.com.tw（公關諮詢部）
傳　　真　出版部（02）27990909　行銷部（02）27993088
郵政劃撥　19394552
戶　　名　英屬維京群島商高寶國際有限公司台灣分公司
發　　行　希代多媒體書版股份有限公司/Printed in Taiwan
初版日期　2014年9月

Rich Dad's Before You Quit Your Job by Bobert T. Kiyosaki

2nd Edition: 09/2014

This edition published by arrangement with Rich Dad Operating Company, LLC.

國家圖書館出版品預行編目（CIP）資料

富爸爸辭職創業 / 羅勃特．T．清崎著；張樺譯; 王立天、高偉勛編修. -- 初版. -- 臺北市：高寶國際出版：希代多媒體發行, 2014.9

面；　公分. --（富爸爸；RD004）

譯自：Rich dad's before you quit your job : 10 real-life lessons every entrepreneur should know about building a multimillion-dollar business

ISBN 978-986-361-037-3（平裝）

1.創業

494.1　　103013237

GOBOOKS & SITAK GROUP ©